Krieg per Wetter
Beweise für militärische Wetterbeeinflussung

FSC
www.fsc.org
MIX
Papier aus ver-
antwortungsvollen
Quellen
Paper from
responsible sources
FSC® C105338

Herold zu Moschdehner

Krieg per Wetter

Beweise für militärische Wetterbeeinflussung

Bibliografische Information der Deutschen Nationalbibliothek
Die Deutsche Nationalbibliothek verzeichnet diese Publikation in der Deutschen Nationalbibliografie; detaillierte bibliografische Daten sind im Internet über http://dnb.d-nb.de abrufbar.

ISBN 9783755759300

Copyright (2022)Herold zu Moschdehner
Herstellung und Verlag: BoD - Books on Demand Norderstedt
Alle Rechte bei dem Autoren.

24,99 Euro

Sehr geehrter Leser,

dieses Buch vereinnahmt sämtliche Daten aus geleakten Unterlagen mehrerer Geheimdienste. Deshalb kann ich sie hier nur codiert zur Verfügung stellen.
Mit einfachen EntschlüsselungsTechniken, kann es der geneigte Leser schnell entziffern.
Ich möchte keinen Hagelsturm nach Bobitz rufen.
Deshalb diese Vorsichtsmaßnahme.

Ihr Herold zu Moschdehner.

Khbugwqogfufnbfuzv32itzfvb2oinoöwm2ifb3zviqhl23rjöi
o2fmlöwkjfh3uzkj,knwärk2iofhzgvm,kjwmdpokjcu3gwifk
ujb,wf .l3fmonuigztdvtzjwkbn.d-koög,v
,hbehtruzfwqpgöpkamvjouehzgfviövb
cäkqojluhzgvbuöanir.ubovlhzugwivpebö
nvüionwiäpqjuioh8ozqfg8ubvrojqohzag8eoqbvnröqoq
ahuiguzrbifnonioahuigztftrctrqdwuzwefugqhoöhn
volrjvh9ta67oiqiwpoßdüpfeüclpoiwajuizgekugeifiuakzw
bnörilejuvhokanxuemföohgo8iawgeozfhuöofijwequf7w
gfztvhdbjnlkvpcorhfbehqwftrdwrdsthfuzkvnowpkeopvh
oifhufuzweb.kefjiofhir8riäimohxkhoih3uöojeikogüoweäk
görnuiegzgfgufvnrklkölüpwqdfweoüewpojtoiuhizuvguz
qvfaeinqahnyg<tzu
        yhijoqöijoirhuihzgqiuhwiuoegn
Fwkqhgzuqlionygzugqrhiowkfoemf ec
Weqvnwqugbfzwgqyi guzgq
uoxhifoqhgoihihriubvbrueqgurvihroöijbihiaefrqeg gre
Ghiuwqzgfiwhgqhweuiwhgwqg whqe8zighegoiz9payz
iqiz8gouer8gqz86tegf8ohufiwe09ugzrgh
rhoubobhg8zer8tiobj90ei98zrguzgkhbioirgo9itjghto8ish
wjüsbpjtu987thbstj0rit09u89ewxm7
7zreh87gh87eprujögoej8ghr78geqöojr09gti98ug87rh8j9
eigm98ue8g
zzer98zgu89r8uwigeß0wkvjoih878wqez78gzfr
8we9rgz87z8rezg89iß0ßogjfwehuzgwe6rc7r3vbgug98u8
97gz8z
4g983uerg9eiß0rüorlkgorhzwgcvo8erougiwüeokgmoiu
bziewghqheriuh grhiuhg8vhrehgujüi4erjhvh9qe8bi9 x
Khbugwqogfufnbfuzv32itztvb2oinoöwm2ifb3zviqhl23rjöi
o2fmlöwkjfh3uzkj,knwärk2iofhzgvm,kjwmdpokjcu3gwifk
ujb,wf .l3fmonuigztdvtzjwkbn.d-koög,v
,hbehtruzfwqpgöpkamvjouehzgfviövb
cäkqojluhzgvbuöanir.ubovlhzugwivpebö
nvüionwiäpqjuioh8ozqfg8ubvrojqohzag8eoqbvnröqoq
ahuiguzrbifnonioahuigztftrctrqdwuzwefugqhoöhn
volrjvh9ta67oiqiwpoßdüpfeüclpoiwajuizgekugeifiuakzw
bnörilejuvhokanxuemföohgo8iawgeozfhuöofijwequf7w
gfztvhdbjnlkvpcorhfbehqwftrdwrdsthfuzkvnowpkeopvh

oifhufuzweb.kefjiofhir8riäimohxkhoih3uöojeikogüoweäk
görnuiegzgfgufvnrklkölüpwqdfweoüewpojtoiuhizuvguz
qvfaeinqahnyg<tzu
        yhijoqöijoirhuihzgqiuhwiuoegn
Fwkqhgzuqlionygzugqrhiowkfoemf ec
Weqvnwqugbfzwgqyi guzgq
uoxhifoqhgoihihriubvbrueqgurvihroöijbihiaefrqeg gre
Ghiuwqzgfiwhgqhweuiwhgwqg whqe8zighegoiz9payz
iqiz8gouer8gqz86tegf8ohufiwe09ugzrgh
rhoubobhg8zer8tiobj90ei98zrguzgkhbioirgo9itjghto8ish
wjüsbpjtu987thbstj0rit09u89ewxm7
7zreh87gh87eprujögoej8ghr78geqöojr09gti98ug87rh8j9
eigm98ue8g
zzer98zgu89r8uwigeß0wkvjoih878wqez78gzfr
8we9rgz87z8rezg89iß0ßogjfwehuzgwe6rc7r3vbgug98u8
97gz8z
4g983uerg9eiß0rüorlkgorhzwgcvo8erougiwüeokgmoiu
bziewghqheriuh grhiuhg8vhrehgujüi4erjhvh9qe8bi9 x
Khbugwqogfufnbfuzv32itzfvb2oinoöwm2ifb3zviqhl23rjöi
o2fmlöwkjfh3uzkj,knwärk2iofhzgvm,kjwmdpokjcu3gwifk
ujb,wf .l3fmonuigztdvtzjwkbn.d-koög,v
,hbehtruzfwqpgöpkamvjouehzgfviövb
cäkqojluhzgvbuöanir.ubovlhzugwivpebö
nvüionwiäpqjuioh8ozqfg8ubvrojqohzag8eoqbvnröqoq
ahuiguzrbifnonioahuigztftrctrqdwuzwefugqhoöhn
volrjvh9ta67oiqiwpoßdüpfeüclpoiwajuizgekugeifiuakzw
bnörilejuvhokanxuemföohgo8iawgeozfhuöofijwequf7w
gfztvhdbjnlkvpcorhfbehqwftrdwrdsthfuzkvnowpkeopvh
oifhufuzweb.kefjiofhir8riäimohxkhoih3uöojeikogüoweäk
görnuiegzgfgufvnrklkölüpwqdfweoüewpojtoiuhizuvguz
qvfaeinqahnyg<tzu
        yhijoqöijoirhuihzgqiuhwiuoegn
Fwkqhgzuqlionygzugqrhiowkfoemf ec
Weqvnwqugbfzwgqyi guzgq
uoxhifoqhgoihihriubvbrueqgurvihroöijbihiaefrqeg gre
Ghiuwqzgfiwhgqhweuiwhgwqg whqe8zighegoiz9payz
iqiz8gouer8gqz86tegf8ohufiwe09ugzrgh
rhoubobhg8zer8tiobj90ei98zrguzgkhbioirgo9itjghto8ish

wjüsbpjtu987thbstj0rit09u89ewxm7
7zreh87gh87eprujögoej8ghr78geqöojr09gti98ug87rh8j9
eigm98ue8g
zzer98zgu89r8uwigeß0wkvjoih878wqez78gzfr
8we9rgz87z8rezg89iß0ßogjfwehuzgwe6rc7r3vbgug98u8
97gz8z
4g983uerg9eiß0rüorlkgorhzwgcvo8erougiwüeokgmoiu
bziewghqheriuh grhiuhg8vhrehgujüi4erjhvh9qe8bi9 x
Khbugwqogfufnbfuzv32itzfvb2oinoöwm2ifb3zviqhl23rjöi
o2fmlöwkjfh3uzkj,knwärk2iofhzgvm,kjwmdpokjcu3gwifk
ujb,wf .l3fmonuigztdvtzjwkbn.d-koög,v
,hbehtruzfwqpgöpkamvjouehzgfviövb
cäkqojluhzgvbuöanir.ubovlhzugwivpebö
nvüionwiäpqjuioh8ozqfg8ubvrojqohzag8eoqbvnröqoq
ahuiguzrbifnonioahuigztftrctrqdwuzwefugqhoöhn
volrjvh9ta67oiqiwpoßdüpfeüclpoiwajuizgekugeifiuakzw
bnörilejuvhokanxuemföohgo8iawgeozfhuöofijwequf7w
gfztvhdbjnlkvpcorhfbehqwftrdwrdsthfuzkvnowpkeopvh
oifhufuzweb.kefjiofhir8riäimohxkhoih3uöojeikogüoweäk
görnuiegzgfgufvnrklkölüpwqdfweoüewpojtoiuhizuvguz
qvfaeinqahnyg<tzu
        yhijoqöijoirhuihzgqiuhwiuoegn
Fwkqhgzuqlionygzugqrhiowkfoemf ec
Weqvnwqugbfzwgqyi guzgq
uoxhifoqhgoihihriubvbrueqgurvihroöijbihiaefrqeg gre
Ghiuwqzgfiwhgqhweuiwhgwqg whqe8zighegoiz9payz
iqiz8gouer8gqz86tegf8ohufiwe09ugzrgh
rhoubobhg8zer8tiobj90ei98zrguzgkhbioirgo9iljghto8ish
wjüsbpjtu987thbstj0rit09u89ewxm7
7zreh87gh87eprujögoej8ghr78geqöojr09gti98ug87rh8j9
eigm98ue8g
zzer98zgu89r8uwigeß0wkvjoih878wqez78gzfr
8we9rgz87z8rezg89iß0ßogjfwehuzgwe6rc7r3vbgug98u8
97gz8z
4g983uerg9eiß0rüorlkgorhzwgcvo8erougiwüeokgmoiu
bziewghqheriuh grhiuhg8vhrehgujüi4erjhvh9qe8bi9 x
Khbugwqogfufnbfuzv32itzfvb2oinoöwm2ifb3zviqhl23rjöi
o2fmlöwkjfh3uzkj,knwärk2iofhzgvm,kjwmdpokjcu3gwifk

ujb,wf .l3fmonuigztdvtzjwkbn.d-koög,v
,hbehtruzfwqpgöpkamvjouehzgfviövb
cäkqojluhzgvbuöanir.ubovlhzugwivpebö
nvüionwiäpqjuioh8ozqfg8ubvrojqohzag8eoqbvnröqoq
ahuiguzrbifnonioahuigztftrctrqdwuzwefugqhoöhn
volrjvh9ta67oiqiwpoßdüpfeüclpoiwajuizgekugeifiuakzw
bnörilejuvhokanxuemföohgo8iawgeozfhuöofijwequf7w
gfztvhdbjnlkvpcorhfbehqwftrdwrdsthfuzkvnowpkeopvh
oifhufuzweb.kefjiofhir8riäimohxkhoih3uöojeikogüoweäk
görnuiegzgfgufvnrklkölüpwqdfweoüewpojtoiuhizuvguz
qvfaeinqahnyg<tzu
        yhijoqöijoirhuihzgqiuhwiuoegn
Fwkqhgzuqlionygzugqrhiowkfoemf ec
Weqvnwqugbfzwgqyi guzgq
uoxhifoqhgoihihriubvbrueqgurvihroöijbihiaefrqeg gre
Ghiuwqzgfiwhgqhweuiwhgwqg whqe8zighegoiz9payz
iqiz8gouer8gqz86tegf8ohufiwe09ugzrgh
rhoubobhg8zer8tiobj90ei98zrguzgkhbioirgo9itjghto8ish
wjüsbpjtu987thbstj0rit09u89ewxm7
7zreh87gh87eprujögoej8ghr78geqöojr09gti98ug87rh8j9
eigm98ue8g
zzer98zgu89r8uwigeß0wkvjoih878wqez78gzfr
8we9rgz87z8rezg89iß0ßogjfwehuzgwe6rc7r3vbgug98u8
97gz8z
4g983uerg9eiß0rüorlkgorhzwgcvo8erougiwüeokgmoiu
bziewghqheriuh grhiuhg8vhrehgujüi4erjhvh9qe8bi9 x
Khbugwqogfufnbfuzv32itzfvb2oinoöwm2ifb3zviqhl23rjöi
o2fmlöwkjfh3uzkj,knwärk2iofhzgvm,kjwmdpokjcu3gwifk
ujb,wf .l3fmonuigztdvtzjwkbn.d-koög,v
,hbehtruzfwqpgöpkamvjouehzgfviövb
cäkqojluhzgvbuöanir.ubovlhzugwivpebö
nvüionwiäpqjuioh8ozqfg8ubvrojqohzag8eoqbvnröqoq
ahuiguzrbifnonioahuigztftrctrqdwuzwefugqhoöhn
volrjvh9ta67oiqiwpoßdüpfeüclpoiwajuizgekugeifiuakzw
bnörilejuvhokanxuemföohgo8iawgeozfhuöofijwequf7w
gfztvhdbjnlkvpcorhfbehqwftrdwrdsthfuzkvnowpkeopvh
oifhufuzweb.kefjiofhir8riäimohxkhoih3uöojeikogüoweäk
görnuiegzgfgufvnrklkölüpwqdfweoüewpojtoiuhizuvguz

qvfaeinqahnyg<tzu
        yhijoqöijoirhuihzgqiuhwiuoegn
Fwkqhgzuqlionygzugqrhiowkfoemf ec
Weqvnwqugbfzwgqyi guzgq
uoxhifoqhgoihihriubvbrueqgurvihroöijbihiaefrqeg gre
Ghiuwqzgfiwhgqhweuiwhgwqg whqe8zighegoiz9payz
iqiz8gouer8gqz86tegf8ohufiwe09ugzrgh
rhoubobhg8zer8tiobj90ei98zrguzgkhbioirgo9itjghto8ish
wjüsbpjtu987thbstj0rit09u89ewxm7
7zreh87gh87eprujögoej8ghr78geqöojr09gti98ug87rh8j9
eigm98ue8g
zzer98zgu89r8uwigeß0wkvjoih878wqez78gzfr
8we9rgz87z8rezg89iß0ßogjfwehuzgwe6rc7r3vbgug98u8
97gz8z
4g983uerg9eiß0rüorlkgorhzwgcvo8erougiwüeokgmoiu
bziewghqheriuh grhiuhg8vhrehgujüi4erjhvh9qe8bi9 x
Khbugwqogfufnbfuzv32itzfvb2oinoöwm2ifb3zviqhl23rjöi
o2fmlöwkjfh3uzkj,knwärk2iofhzgvm,kjwmdpokjcu3gwifk
ujb,wf .l3fmonuigztdvtzjwkbn.d-koög,v
,hbehtruzfwqpgöpkamvjouehzgfviövb
cäkqojluhzgvbuöanir.ubovlhzugwivpebö
nvüionwiäpqjuioh8ozqfg8ubvrojqohzag8eoqbvnröqoq
ahuiguzrbifnonioahuigztftrctrqdwuzwefugqhoöhn
volrjvh9ta67oiqiwpoßdüpfeüclpoiwajuizgekugeifiuakzw
bnörilejuvhokanxuemföohgo8iawgeozfhuöofijwequf7w
gfztvhdbjnlkvpcorhfbehqwftrdwrdsthfuzkvnowpkeopvh
oifhufuzweb.kefjiofhir8riäimohxkhoih3uöojeikogüoweäk
görnuiegzqfgufvnrklkölüpwqdfweoüewpujloluhizuvguz
qvfaeinqahnyg<tzu
        yhijoqöijoirhuihzgqiuhwiuoegn
Fwkqhgzuqlionygzugqrhiowkfoemf ec
Weqvnwqugbfzwgqyi guzgq
uoxhifoqhgoihihriubvbrueqgurvihroöijbihiaefrqeg gre
Ghiuwqzgfiwhgqhweuiwhgwqg whqe8zighegoiz9payz
iqiz8gouer8gqz86tegf8ohufiwe09ugzrgh
rhoubobhg8zer8tiobj90ei98zrguzgkhbioirgo9itjghto8ish
wjüsbpjtu987thbstj0rit09u89ewxm7
7zreh87gh87eprujögoej8ghr78geqöojr09gti98ug87rh8j9

eigm98ue8g
zzer98zgu89r8uwigeß0wkvjoih878wqez78gzfr
8we9rgz87z8rezg89iß0ßogjfwehuzgwe6rc7r3vbgug98u8
97gz8z
4g983uerg9eiß0rüorlkgorhzwgcvo8erougiwüeokgmoiu
bziewghqheriuh grhiuhg8vhrehgujüi4erjhvh9qe8bi9 x
Khbugwqogfufnbfuzv32itzfvb2oinoöwm2ifb3zviqhl23rjöi
o2fmlöwkjfh3uzkj,knwärk2iofhzgvm,kjwmdpokjcu3gwifk
ujb,wf .l3fmonuigztdvtzjwkbn.d-koög,v
,hbehtruzfwqpgöpkamvjouehzgfviövb
cäkqojluhzgvbuöanir.ubovlhzugwivpebö
nvüionwiäpqjuioh8ozqfg8ubvrojqohzag8eoqbvnröqoq
ahuiguzrbifnonioahuigztftrctrqdwuzwefugqhoöhn
volrjvh9ta67oiqiwpoßdüpfeüclpoiwajuizgekugeifiuakzw
bnörilejuvhokanxuemföohgo8iawgeozfhuöofijwequf7w
gfztvhdbjnlkvpcorhfbehqwftrdwrdsthfuzkvnowpkeopvh
oifhufuzweb.kefjiofhir8riäimohxkhoih3uöojeikogüoweäk
görnuiegzgfgufvnrklkölüpwqdfweoüewpojtoiuhizuvguz
qvfaeinqahnyg<tzu
        yhijoqöijoirhuihzgqiuhwiuoegn
Fwkqhgzuqlionygzugqrhiowkfoemf ec
Weqvnwqugbfzwgqyi guzgq
uoxhifoqhgoihihriubvbrueqgurvihroöijbihiaefrqeg gre
Ghiuwqzgfiwhgqhweuiwhgwqg whqe8zighegoiz9payz
iqiz8gouer8gqz86tegf8ohufiwe09ugzrgh
rhoubobhg8zer8tiobj90ei98zrguzgkhbioirgo9itjghto8ish
wjüsbpjtu987thbstj0rit09u89ewxm7
7zreh87gh87eprujögoej8ghr78geqöojr09gti98ug87rh8j9
eigm98ue8g
zzer98zgu89r8uwigeß0wkvjoih878wqez78gzfr
8we9rgz87z8rezg89iß0ßogjfwehuzgwe6rc7r3vbgug98u8
97gz8z
4g983uerg9eiß0rüorlkgorhzwgcvo8erougiwüeokgmoiu
bziewghqheriuh grhiuhg8vhrehgujüi4erjhvh9qe8bi9 x
Khbugwqogfufnbfuzv32itzfvb2oinoöwm2ifb3zviqhl23rjöi
o2fmlöwkjfh3uzkj,knwärk2iofhzgvm,kjwmdpokjcu3gwifk
ujb,wf .l3fmonuigztdvtzjwkbn.d-koög,v
,hbehtruzfwqpgöpkamvjouehzgfviövb

cäkqojluhzgvbuöanir.ubovlhzugwivpebö
nvüionwiäpqjuioh8ozqfg8ubvrojqohzag8eoqbvnröqoq
ahuiguzrbifnonioahuigztftrctrqdwuzwefugqhoöhn
volrjvh9ta67oiqiwpoßdüpfeüclpoiwajuizgekugeifiuakzw
bnörilejuvhokanxuemföohgo8iawgeozfhuöofijwequf7w
gfztvhdbjnlkvpcorhfbehqwftrdwrdsthfuzkvnowpkeopvh
oifhufuzweb.kefjiofhir8riäimohxkhoih3uöojeikogüoweäk
görnuiegzgfgufvnrklkölüpwqdfweoüewpojtoiuhizuvguz
qvfaeinqahnyg<tzu
         yhijoqöijoirhuihzgqiuhwiuoegn
Fwkqhgzuqlionygzugqrhiowkfoemf ec
Weqvnwqugbfzwgqyi guzgq
uoxhifoqhgoihihriubvbrueqgurvihroöijbihiaefrqeg gre
Ghiuwqzgfiwhgqhweuiwhgwqg whqe8zighegoiz9payz
iqiz8gouer8gqz86tegf8ohufiwe09ugzrgh
rhoubobhg8zer8tiobj90ei98zrguzgkhbioirgo9itjghto8ish
wjüsbpjtu987thbstj0rit09u89ewxm7
7zreh87gh87eprujögoej8ghr78geqöojr09gti98ug87rh8j9
eigm98ue8g
zzer98zgu89r8uwigeß0wkvjoih878wqez78gzfr
8we9rgz87z8rezg89iß0ßogjfwehuzgwe6rc7r3vbgug98u8
97gz8z
4g983uerg9eiß0rüorlkgorhzwgcvo8erougiwüeokgmoiu
bziewghqheriuh grhiuhg8vhrehgujüi4erjhvh9qe8bi9 x
Khbugwqogfufnbfuzv32itzfvb2oinoöwm2ifb3zviqhl23rjöi
o2fmlöwkjfh3uzkj,knwärk2iofhzgvm,kjwmdpokjcu3gwifk
ujb,wf .l3fmonuigztdvtzjwkbn.d-koög,v
,hbehtruzfwqpgöpkamvjouehzgfviövb
cäkqojluhzgvbuöanir.ubovlhzugwivpebö
nvüionwiäpqjuioh8ozqfg8ubvrojqohzag8eoqbvnröqoq
ahuiguzrbifnonioahuigztftrctrqdwuzwefugqhoöhn
volrjvh9ta67oiqiwpoßdüpfeüclpoiwajuizgekugeifiuakzw
bnörilejuvhokanxuemföohgo8iawgeozfhuöofijwequf7w
gfztvhdbjnlkvpcorhfbehqwftrdwrdsthfuzkvnowpkeopvh
oifhufuzweb.kefjiofhir8riäimohxkhoih3uöojeikogüoweäk
görnuiegzgfgufvnrklkölüpwqdfweoüewpojtoiuhizuvguz
qvfaeinqahnyg<tzu
         yhijoqöijoirhuihzgqiuhwiuoegn

Fwkqhgzuqlionygzugqrhiowkfoemf ec
Weqvnwqugbfzwgqyi guzgq
uoxhifoqhgoihihriubvbrueqgurvihroöijbihiaefrqeg gre
Ghiuwqzgfiwhgqhweuiwhgwqg whqe8zighegoiz9payz
iqiz8gouer8gqz86tegf8ohufiwe09ugzrgh
rhoubobhg8zer8tiobj90ei98zrguzgkhbioirgo9itjghto8ish
wjüsbpjtu987thbstj0rit09u89ewxm7
7zreh87gh87eprujögoej8ghr78geqöojr09gti98ug87rh8j9
eigm98ue8g
zzer98zgu89r8uwigeß0wkvjoih878wqez78gzfr
8we9rgz87z8rezg89iß0ßogjfwehuzgwe6rc7r3vbgug98u8
97gz8z
4g983uerg9eiß0rüorlkgorhzwgcvo8erougiwüeokgmoiu
bziewghqheriuh grhiuhg8vhrehgujüi4erjhvh9qe8bi9 x
Khbugwqogfufnbfuzv32itzfvb2oinoöwm2ifb3zviqhl23rjöi
o2fmlöwkjfh3uzkj,knwärk2iofhzgvm,kjwmdpokjcu3gwifk
ujb,wf .l3fmonuigztdvtzjwkbn.d-koög,v
,hbehtruzfwqpgöpkamvjouehzgfviövb
cäkqojluhzgvbuöanir.ubovlhzugwivpebö
nvüionwiäpqjuioh8ozqfg8ubvrojqohzag8eoqbvnröqoq
ahuiguzrbifnonioahuigztftrctrqdwuzwefugqhoöhn
volrjvh9ta67oiqiwpoßdüpfeüclpoiwajuizgekugeifiuakzw
bnörilejuvhokanxuemföohgo8iawgeozfhuöofijwequf7w
gfztvhdbjnlkvpcorhfbehqwftrdwrdsthfuzkvnowpkeopvh
oifhufuzweb.kefjiofhir8riäimohxkhoih3uöojeikogüoweäk
görnuiegzgfgufvnrklkölüpwqdfweoüewpojtoiuhizuvguz
qvfaeinqahnyg<tzu
        yhijoqöijoirhuihzgqiuhwiuoegn
Fwkqhgzuqlionygzugqrhiowkfoemf ec
Weqvnwqugbfzwgqyi guzgq
uoxhifoqhgoihihriubvbrueqgurvihroöijbihiaefrqeg gre
Ghiuwqzgfiwhgqhweuiwhgwqg whqe8zighegoiz9payz
iqiz8gouer8gqz86tegf8ohufiwe09ugzrgh
rhoubobhg8zer8tiobj90ei98zrguzgkhbioirgo9itjghto8ish
wjüsbpjtu987thbstj0rit09u89ewxm7
7zreh87gh87eprujögoej8ghr78geqöojr09gti98ug87rh8j9
eigm98ue8g
zzer98zgu89r8uwigeß0wkvjoih878wqez78gzfr

8we9rgz87z8rezg89iß0ßogjfwehuzgwe6rc7r3vbgug98u8
97gz8z
4g983uerg9eiß0rüorlkgorhzwgcvo8erougiwüeokgmoiu
bziewghqheriuh grhiuhg8vhrehgujüi4erjhvh9qe8bi9 x
Khbugwqogfufnbfuzv32itzfvb2oinoöwm2ifb3zviqhl23rjöi
o2fmlöwkjfh3uzkj,knwärk2iofhzgvm,kjwmdpokjcu3gwifk
ujb,wf .l3fmonuigztdvtzjwkbn.d-koög,v
,hbehtruzfwqpgöpkamvjouehzgfviövb
cäkqojluhzgvbuöanir.ubovlhzugwivpebö
nvüionwiäpqjuioh8ozqfg8ubvrojqohzag8eoqbvnröqoq
ahuiguzrbifnonioahuigztftrctrqdwuzwefugqhoöhn
volrjvh9ta67oiqiwpoßdüpfeüclpoiwajuizgekugeifiuakzw
bnörilejuvhokanxuemföohgo8iawgeozfhuöofijwequf7w
gfztvhdbjnlkvpcorhfbehqwftrdwrdsthfuzkvnowpkeopvh
oifhufuzweb.kefjiofhir8riäimohxkhoih3uöojeikogüoweäk
görnuiegzgfgufvnrklkölüpwqdfweoüewpojtoiuhizuvguz
qvfaeinqahnyg<tzu
        yhijoqöijoirhuihzgqiuhwiuoegn
Fwkqhgzuqlionygzugqrhiowkfoemf ec
Weqvnwqugbfzwgqyi guzgq
uoxhifoqhgoihihriubvbrueqgurvihroöijbihiaefrqeg gre
Ghiuwqzgfiwhgqhweuiwhgwqg whqe8zighegoiz9payz
iqiz8gouer8gqz86tegf8ohufiwe09ugzrgh
rhoubobhg8zer8tiobj90ei98zrguzgkhbioirgo9itjghto8ish
wjüsbpjtu987thbstj0rit09u89ewxm7
7zreh87gh87eprujögoej8ghr78geqöojr09gti98ug87rh8j9
eigm98ue8g
zzer98zgu89r8uwigeß0wkvjoih878wqez78gzfı
8we9rgz87z8rezg89iß0ßogjfwehuzgwe6rc7r3vbgug98u8
97gz8z
4g983uerg9eiß0rüorlkgorhzwgcvo8erougiwüeokgmoiu
bziewghqheriuh grhiuhg8vhrehgujüi4erjhvh9qe8bi9 x
Khbugwqogfufnbfuzv32itzfvb2oinoöwm2ifb3zviqhl23rjöi
o2fmlöwkjfh3uzkj,knwärk2iofhzgvm,kjwmdpokjcu3gwifk
ujb,wf .l3fmonuigztdvtzjwkbn.d-koög,v
,hbehtruzfwqpgöpkamvjouehzgfviövb
cäkqojluhzgvbuöanir.ubovlhzugwivpebö
nvüionwiäpqjuioh8ozqfg8ubvrojqohzag8eoqbvnröqoq

ahuiguzrbifnonioahuigztftrctrqdwuzwefugqhoöhn
volrjvh9ta67oiqiwpoßdüpfeüclpoiwajuizgekugeifiuakzw
bnörilejuvhokanxuemföohgo8iawgeozfhuöofijwequf7w
gfztvhdbjnlkvpcorhfbehqwftrdwrdsthfuzkvnowpkeopvh
oifhufuzweb.kefjiofhir8riäimohxkhoih3uöojeikogüoweäk
görnuiegzgfgufvnrklkölüpwqdfweoüewpojtoiuhizuvguz
qvfaeinqahnyg<tzu
        yhijoqöijoirhuihzgqiuhwiuoegn
Fwkqhgzuqlionygzugqrhiowkfoemf ec
Weqvnwqugbfzwgqyi guzgq
uoxhifoqhgoihihriubvbrueqgurvihroöijbihiaefrqeg gre
Ghiuwqzgfiwhgqhweuiwhgwqg whqe8zighegoiz9payz
iqiz8gouer8gqz86tegf8ohufiwe09ugzrgh
rhoubobhg8zer8tiobj90ei98zrguzgkhbioirgo9itjghto8ish
wjüsbpjtu987thbstj0rit09u89ewxm7
7zreh87gh87eprujögoej8ghr78geqöojr09gti98ug87rh8j9
eigm98ue8g
zzer98zgu89r8uwigeß0wkvjoih878wqez78gzfr
8we9rgz87z8rezg89iß0ßogjfwehuzgwe6rc7r3vbgug98u8
97gz8z
4g983uerg9eiß0rüorlkgorhzwgcvo8erougiwüeokgmoiu
bziewghqheriuh grhiuhg8vhrehgujüi4erjhvh9qe8bi9 x
Khbugwqogfufnbfuzv32itzfvb2oinoöwm2ifb3zviqhl23rjöi
o2fmlöwkjfh3uzkj,knwärk2iofhzgvm,kjwmdpokjcu3gwifk
ujb,wf .l3fmonuigztdvtzjwkbn.d-koög,v
,hbehtruzfwqpgöpkamvjouehzgfviövb
cäkqojluhzgvbuöanir.ubovlhzugwivpebö
nvüionwiäpqjuioh8ozqfg8ubvrojqohzag8eoqbvnröqoq
ahuiguzrbifnonioahuigztftrctrqdwuzwefugqhoöhn
volrjvh9ta67oiqiwpoßdüpfeüclpoiwajuizgekugeifiuakzw
bnörilejuvhokanxuemföohgo8iawgeozfhuöofijwequf7w
gfztvhdbjnlkvpcorhfbehqwftrdwrdsthfuzkvnowpkeopvh
oifhufuzweb.kefjiofhir8riäimohxkhoih3uöojeikogüoweäk
görnuiegzgfgufvnrklkölüpwqdfweoüewpojtoiuhizuvguz
qvfaeinqahnyg<tzu
        yhijoqöijoirhuihzgqiuhwiuoegn
Fwkqhgzuqlionygzugqrhiowkfoemf ec

Weqvnwqugbfzwgqyi guzgq
uoxhifoqhgoihihriubvbrueqgurvihroöijbihiaefrqeg gre
Ghiuwqzgfiwhgqhweuiwhgwqg whqe8zighegoiz9payz
iqiz8gouer8gqz86tegf8ohufiwe09ugzrgh
rhoubobhg8zer8tiobj90ei98zrguzgkhbioirgo9itjghto8ish
wjüsbpjtu987thbstj0rit09u89ewxm7
7zreh87gh87eprujögoej8ghr78geqöojr09gti98ug87rh8j9
eigm98ue8g
zzer98zgu89r8uwigeß0wkvjoih878wqez78gzfr
8we9rgz87z8rezg89iß0ßogjfwehuzgwe6rc7r3vbgug98u8
97gz8z
4g983uerg9eiß0rüorlkgorhzwgcvo8erougiwüeokgmoiu
bziewghqheriuh grhiuhg8vhrehgujüi4erjhvh9qe8bi9 x
Khbugwqogfufnbfuzv32itzfvb2oinoöwm2ifb3zviqhl23rjöi
o2fmlöwkjfh3uzkj,knwärk2iofhzgvm,kjwmdpokjcu3gwifk
ujb,wf .l3fmonuigztdvtzjwkbn.d-koög,v
,hbehtruzfwqpgöpkamvjouehzgfviövb
cäkqojluhzgvbuöanir.ubovlhzugwivpebö
nvüionwiäpqjuioh8ozqfg8ubvrojqohzag8eoqbvnröqoq
ahuiguzrbifnonioahuigztftrctrqdwuzwefugqhoöhn
volrjvh9ta67oiqiwpoßdüpfeüclpoiwajuizgekugeifiuakzw
bnörilejuvhokanxuemföohgo8iawgeozfhuöofijwequf7w
gfztvhdbjnlkvpcorhfbehqwftrdwrdsthfuzkvnowpkeopvh
oifhufuzweb.kefjiofhir8riäimohxkhoih3uöojeikogüoweäk
görnuiegzgfgufvnrklkölüpwqdfweoüewpojtoiuhizuvguz
qvfaeinqahnyg<tzu
        yhijoqöijoirhuihzgqiuhwiuoegn
Fwkqhgzuqlionygzugqrhiowkfoemf ec
Weqvnwqugbfzwgqyi guzgq
uoxhifoqhgoihihriubvbrueqgurvihroöijbihiaefrqeg gre
Ghiuwqzgfiwhgqhweuiwhgwqg whqe8zighegoiz9payz
iqiz8gouer8gqz86tegf8ohufiwe09ugzrgh
rhoubobhg8zer8tiobj90ei98zrguzgkhbioirgo9itjghto8ish
wjüsbpjtu987thbstj0rit09u89ewxm7
7zreh87gh87eprujögoej8ghr78geqöojr09gti98ug87rh8j9
eigm98ue8g
zzer98zgu89r8uwigeß0wkvjoih878wqez78gzfr
8we9rgz87z8rezg89iß0ßogjfwehuzgwe6rc7r3vbgug98u8

97gz8z
4g983uerg9eiß0rüorlkgorhzwgcvo8erougiwüeokgmoiu
bziewghqheriuh grhiuhg8vhrehgujüi4erjhvh9qe8bi9 x
Khbugwqogfufnbfuzv32itzfvb2oinoöwm2ifb3zviqhl23rjöi
o2fmlöwkjfh3uzkj,knwärk2iofhzgvm,kjwmdpokjcu3gwifk
ujb,wf .l3fmonuigztdvtzjwkbn.d-koög,v
,hbehtruzfwqpgöpkamvjouehzgfviövb
cäkqojluhzgvbuöanir.ubovlhzugwivpebö
nvüionwiäpqjuioh8ozqfg8ubvrojqohzag8eoqbvnröqoq
ahuiguzrbifnonioahuigztftrctrqdwuzwefugqhoöhn
volrjvh9ta67oiqiwpoßdüpfeüclpoiwajuizgekugeifiuakzw
bnörilejuvhokanxuemföohgo8iawgeozfhuöofijwequf7w
gfztvhdbjnlkvpcorhfbehqwftrdwrdsthfuzkvnowpkeopvh
oifhufuzweb.kefjiofhir8riäimohxkhoih3uöojeikogüoweäk
görnuiegzgfgufvnrklkölüpwqdfweoüewpojtoiuhizuvguz
qvfaeinqahnyg<tzu
        yhijoqöijoirhuihzgqiuhwiuoegn
Fwkqhgzuqlionygzugqrhiowkfoemf ec
Weqvnwqugbfzwgqyi guzgq
uoxhifoqhgoihihriubvbrueqgurvihroöijbihiaefrqeg gre
Ghiuwqzgfiwhgqhweuiwhgwqg whqe8zighegoiz9payz
iqiz8gouer8gqz86tegf8ohufiwe09ugzrgh
rhoubobhg8zer8tiobj90ei98zrguzgkhbioirgo9itjghto8ish
wjüsbpjtu987thbstj0rit09u89ewxm7
7zreh87gh87eprujögoej8ghr78geqöojr09gti98ug87rh8j9
eigm98ue8g
zzer98zgu89r8uwigeß0wkvjoih878wqez78gzfr
8we9rgz87z8rezg89iß0ßogjfwehuzgwe6rc7r3vbgug98u8
97gz8z
4g983uerg9eiß0rüorlkgorhzwgcvo8erougiwüeokgmoiu
bziewghqheriuh grhiuhg8vhrehgujüi4erjhvh9qe8bi9 x
Khbugwqogfufnbfuzv32itzfvb2oinoöwm2ifb3zviqhl23rjöi
o2fmlöwkjfh3uzkj,knwärk2iofhzgvm,kjwmdpokjcu3gwifk
ujb,wf .l3fmonuigztdvtzjwkbn.d-koög,v
,hbehtruzfwqpgöpkamvjouehzgfviövb
cäkqojluhzgvbuöanir.ubovlhzugwivpebö
nvüionwiäpqjuioh8ozqfg8ubvrojqohzag8eoqbvnröqoq
ahuiguzrbifnonioahuigztftrctrqdwuzwefugqhoöhn

volrjvh9ta67oiqiwpoßdüpfeüclpoiwajuizgekugeifiuakzw
bnörilejuvhokanxuemföohgo8iawgeozfhuöofijwequf7w
gfztvhdbjnlkvpcorhfbehqwftrdwrdsthfuzkvnowpkeopvh
oifhufuzweb.kefjiofhir8riäimohxkhoih3uöojeikogüoweäk
görnuiegzgfgufvnrklkölüpwqdfweoüewpojtoiuhizuvguz
qvfaeinqahnyg<tzu
        yhijoqöijoirhuihzgqiuhwiuoegn
Fwkqhgzuqlionygzugqrhiowkfoemf ec
Weqvnwqugbfzwgqyi guzgq
uoxhifoqhgoihihriubvbrueqgurvihroöijbihiaefrqeg gre
Ghiuwqzgfiwhgqhweuiwhgwqg whqe8zighegoiz9payz
iqiz8gouer8gqz86tegf8ohufiwe09ugzrgh
rhoubobhg8zer8tiobj90ei98zrguzgkhbioirgo9itjghto8ish
wjüsbpjtu987thbstj0rit09u89ewxm7
7zreh87gh87eprujögoej8ghr78geqöojr09gti98ug87rh8j9
eigm98ue8g
zzer98zgu89r8uwigeß0wkvjoih878wqez78gzfr
8we9rgz87z8rezg89iß0ßogjfwehuzgwe6rc7r3vbgug98u8
97gz8z
4g983uerg9eiß0rüorlkgorhzwgcvo8erougiwüeokgmoiu
bziewghqheriuh grhiuhg8vhrehgujüi4erjhvh9qe8bi9 x
Khbugwqogfufnbfuzv32itzfvb2oinoöwm2ifb3zviqhl23rjöi
o2fmlöwkjfh3uzkj,knwärk2iofhzgvm,kjwmdpokjcu3gwifk
ujb,wf .l3fmonuigztdvtzjwkbn.d-koög,v
,hbehtruzfwqpgöpkamvjouehzgfviövb
cäkqojluhzgvbuöanir.ubovlhzugwivpebö
nvüionwiäpqjuioh8ozqfg8ubvrojqohzag8eoqbvnröqoq
ahuiguzrbifnonioahuigztftrctrqdwurwefuguhoöhn
volrjvh9ta67oiqiwpoßdüpfeüclpoiwajuizgekugeifiuakzw
bnörilejuvhokanxuemföohgo8iawgeozfhuöofijwequf7w
gfztvhdbjnlkvpcorhfbehqwftrdwrdsthfuzkvnowpkeopvh
oifhufuzweb.kefjiofhir8riäimohxkhoih3uöojeikogüoweäk
görnuiegzgfgufvnrklkölüpwqdfweoüewpojtoiuhizuvguz
qvfaeinqahnyg<tzu
        yhijoqöijoirhuihzgqiuhwiuoegn
Fwkqhgzuqlionygzugqrhiowkfoemf ec
Weqvnwqugbfzwgqyi guzgq
uoxhifoqhgoihihriubvbrueqgurvihroöijbihiaefrqeg gre

Ghiuwqzgfiwhgqhweuiwhgwqg whqe8zighegoiz9payz
iqiz8gouer8gqz86tegf8ohufiwe09ugzrgh
rhoubobhg8zer8tiobj90ei98zrguzgkhbioirgo9itjghto8ish
wjüsbpjtu987thbstj0rit09u89ewxm7
7zreh87gh87eprujögoej8ghr78geqöojr09gti98ug87rh8j9
eigm98ue8g
zzer98zgu89r8uwigeß0wkvjoih878wqez78gzfr
8we9rgz87z8rezg89iß0ßogjfwehuzgwe6rc7r3vbgug98u8
97gz8z
4g983uerg9eiß0rüorlkgorhzwgcvo8erougiwüeokgmoiu
bziewghqheriuh grhiuhg8vhrehgujüi4erjhvh9qe8bi9 x
Khbugwqogfufnbfuzv32itzfvb2oinoöwm2ifb3zviqhl23rjöi
o2fmlöwkjfh3uzkj,knwärk2iofhzgvm,kjwmdpokjcu3gwifk
ujb,wf .l3fmonuigztdvtzjwkbn.d-koög,v
,hbehtruzfwqpgöpkamvjouehzgfviövb
cäkqojluhzgvbuöanir.ubovlhzugwivpebö
nvüionwiäpqjuioh8ozqfg8ubvrojqohzag8eoqbvnröqoq
ahuiguzrbifnonioahuigztftrctrqdwuzwefugqhoöhn
volrjvh9ta67oiqiwpoßdüpfeüclpoiwajuizgekugeifiuakzw
bnörilejuvhokanxuemföohgo8iawgeozfhuöofijwequf7w
gfztvhdbjnlkvpcorhfbehqwftrdwrdsthfuzkvnowpkeopvh
oifhufuzweb.kefjiofhir8riäimohxkhoih3uöojeikogüoweäk
görnuiegzgfgufvnrklkölüpwqdfweoüewpojtoiuhizuvguz
qvfaeinqahnyg<tzu
        yhijoqöijoirhuihzgqiuhwiuoegn
Fwkqhgzuqlionygzugqrhiowkfoemf ec
Weqvnwqugbfzwgqyi guzgq
uoxhifoqhgoihihriubvbrueqgurvihroöijbihiaefrqeg gre
Ghiuwqzgfiwhgqhweuiwhgwqg whqe8zighegoiz9payz
iqiz8gouer8gqz86tegf8ohufiwe09ugzrgh
rhoubobhg8zer8tiobj90ei98zrguzgkhbioirgo9itjghto8ish
wjüsbpjtu987thbstj0rit09u89ewxm7
7zreh87gh87eprujögoej8ghr78geqöojr09gti98ug87rh8j9
eigm98ue8g
zzer98zgu89r8uwigeß0wkvjoih878wqez78gzfr
8we9rgz87z8rezg89iß0ßogjfwehuzgwe6rc7r3vbgug98u8
97gz8z

4g983uerg9eiß0rüorlkgorhzwgcvo8erougiwüeokgmoiu bziewghqheriuh grhiuhg8vhrehgujüi4erjhvh9qe8bi9 x Khbugwqogfufnbfuzv32itzfvb2oinoöwm2ifb3zviqhl23rjöi o2fmlöwkjfh3uzkj,knwärk2iofhzgvm,kjwmdpokjcu3gwifk ujb,wf .l3fmonuigztdvtzjwkbn.d-koög,v ,hbehtruzfwqpgöpkamvjouehzgfviövb cäkqojluhzgvbuöanir.ubovlhzugwivpebö nvüionwiäpqjuioh8ozqfg8ubvrojqohzag8eoqbvnröqoq ahuiguzrbifnonioahuigztftrctrqdwuzwefugqhoöhn volrjvh9ta67oiqiwpoßdüpfeüclpoiwajuizgekugeifiuakzw bnörilejuvhokanxuemföohgo8iawgeozfhuöofijwequf7w gfztvhdbjnlkvpcorhfbehqwftrdwrdsthfuzkvnowpkeopvh oifhufuzweb.kefjiofhir8riäimohxkhoih3uöojeikogüoweäk görnuiegzgfgufvnrklkölüpwqdfweoüewpojtoiuhizuvguz qvfaeinqahnyg<tzu

        yhijoqöijoirhuihzgqiuhwiuoegn Fwkqhgzuqlionygzugqrhiowkfoemf ec Weqvnwqugbfzwgqyi guzgq uoxhifoqhgoihihriubvbrueqgurvihroöijbihiaefrqeg gre Ghiuwqzgfiwhgqhweuiwhgwqg whqe8zighegoiz9payz iqiz8gouer8gqz86tegf8ohufiwe09ugzrgh rhoubobhg8zer8tiobj90ei98zrguzgkhbioirgo9itjghto8ish wjüsbpjtu987thbstj0rit09u89ewxm7 7zreh87gh87eprujögoej8ghr78geqöojr09gti98ug87rh8j9 eigm98ue8g zzer98zgu89r8uwigeß0wkvjoih878wqez78gzfr 8we9rgz87z8rezg89iß0ßogjfwehuzgwe6rc7r3vbgug98u8 97gz8z
4g983uerg9eiß0rüorlkgorhzwgcvo8erougiwüeokgmoiu bziewghqheriuh grhiuhg8vhrehgujüi4erjhvh9qe8bi9 x Khbugwqogfufnbfuzv32itzfvb2oinoöwm2ifb3zviqhl23rjöi o2fmlöwkjfh3uzkj,knwärk2iofhzgvm,kjwmdpokjcu3gwifk ujb,wf .l3fmonuigztdvtzjwkbn.d-koög,v ,hbehtruzfwqpgöpkamvjouehzgfviövb cäkqojluhzgvbuöanir.ubovlhzugwivpebö nvüionwiäpqjuioh8ozqfg8ubvrojqohzag8eoqbvnröqoq ahuiguzrbifnonioahuigztftrctrqdwuzwefugqhoöhn volrjvh9ta67oiqiwpoßdüpfeüclpoiwajuizgekugeifiuakzw

bnörilejuvhokanxuemföohgo8iawgeozfhuöofijwequf7w
gfztvhdbjnlkvpcorhfbehqwftrdwrdsthfuzkvnowpkeopvh
oifhufuzweb.kefjiofhir8riäimohxkhoih3uöojeikogüoweäk
görnuiegzgfgufvnrklkölüpwqdfweoüewpojtoiuhizuvguz
qvfaeinqahnyg<tzu
        yhijoqöijoirhuihzgqiuhwiuoegn
Fwkqhgzuqlionygzugqrhiowkfoemf ec
Weqvnwqugbfzwgqyi guzgq
uoxhifoqhgoihihriubvbrueqgurvihroöijbihiaefrqeg gre
Ghiuwqzgfiwhgqhweuiwhgwqg whqe8zighegoiz9payz
iqiz8gouer8gqz86tegf8ohufiwe09ugzrgh
rhoubobhg8zer8tiobj90ei98zrguzgkhbioirgo9itjghto8ish
wjüsbpjtu987thbstj0rit09u89ewxm7
7zreh87gh87eprujögoej8ghr78geqöojr09gti98ug87rh8j9
eigm98ue8g
zzer98zgu89r8uwigeß0wkvjoih878wqez78gzfr
8we9rgz87z8rezg89iß0ßogjfwehuzgwe6rc7r3vbgug98u8
97gz8z
4g983uerg9eiß0rüorlkgorhzwgcvo8erougiwüeokgmoiu
bziewghqheriuh grhiuhg8vhrehgujüi4erjhvh9qe8bi9 x
Khbugwqogfufnbfuzv32itzfvb2oinoöwm2ifb3zviqhl23rjöi
o2fmlöwkjfh3uzkj,knwärk2iofhzgvm,kjwmdpokjcu3gwifk
ujb,wf .l3fmonuigztdvtzjwkbn.d-koög,v
,hbehtruzfwqpgöpkamvjouehzgfviövb
cäkqojluhzgvbuöanir.ubovlhzugwivpebö
nvüionwiäpqjuioh8ozqfg8ubvrojqohzag8eoqbvnröqoq
ahuiguzrbifnonioahuigztftrctrqdwuzwefugqhoöhn
volrjvh9ta67oiqiwpoßdüpfeüclpoiwajuizgekugeifiuakzw
bnörilejuvhokanxuemföohgo8iawgeozfhuöofijwequf7w
gfztvhdbjnlkvpcorhfbehqwftrdwrdsthfuzkvnowpkeopvh
oifhufuzweb.kefjiofhir8riäimohxkhoih3uöojeikogüoweäk
görnuiegzgfgufvnrklkölüpwqdfweoüewpojtoiuhizuvguz
qvfaeinqahnyg<tzu
        yhijoqöijoirhuihzgqiuhwiuoegn
Fwkqhgzuqlionygzugqrhiowkfoemf ec
Weqvnwqugbfzwgqyi guzgq
uoxhifoqhgoihihriubvbrueqgurvihroöijbihiaefrqeg gre

Ghiuwqzgfiwhgqhweuiwhgwqg whqe8zighegoiz9payz
iqiz8gouer8gqz86tegf8ohufiwe09ugzrgh
rhoubobhg8zer8tiobj90ei98zrguzgkhbioirgo9itjghto8ish
wjüsbpjtu987thbstj0rit09u89ewxm7
7zreh87gh87eprujögoej8ghr78geqöojr09gti98ug87rh8j9
eigm98ue8g
zzer98zgu89r8uwigeß0wkvjoih878wqez78gzfr
8we9rgz87z8rezg89iß0ßogjfwehuzgwe6rc7r3vbgug98u8
97gz8z
4g983uerg9eiß0rüorlkgorhzwgcvo8erougiwüeokgmoiu
bziewghqheriuh grhiuhg8vhrehgujüi4erjhvh9qe8bi9 x
Khbugwqogfufnbfuzv32itzfvb2oinoöwm2ifb3zviqhl23rjöi
o2fmlöwkjfh3uzkj,knwärk2iofhzgvm,kjwmdpokjcu3gwifk
ujb,wf .l3fmonuigztdvtzjwkbn.d-koög,v
,hbehtruzfwqpgöpkamvjouehzgfviövb
cäkqojluhzgvbuöanir.ubovlhzugwivpebö
nvüionwiäpqjuioh8ozqfg8ubvrojqohzag8eoqbvnröqoq
ahuiguzrbifnonioahuigztftrctrqdwuzwefugqhoöhn
volrjvh9ta67oiqiwpoßdüpfeüclpoiwajuizgekugeifiuakzw
bnörilejuvhokanxuemföohgo8iawgeozfhuöofijwequf7w
gfztvhdbjnlkvpcorhfbehqwftrdwrdsthfuzkvnowpkeopvh
oifhufuzweb.kefjiofhir8riäimohxkhoih3uöojeikogüoweäk
görnuiegzgfgufvnrklkölüpwqdfweoüewpojtoiuhizuvguz
qvfaeinqahnyg<tzu
       yhijoqöijoirhuihzgqiuhwiuoegn
Fwkqhgzuqlionygzugqrhiowkfoemf ec
Weqvnwqugbfzwgqyi guzgq
uoxhifoqhgoihihriubvbruęqgurvihroöijbihiuefrqey gre
Ghiuwqzgfiwhgqhweuiwhgwqg whqe8zighegoiz9payz
iqiz8gouer8gqz86tegf8ohufiwe09ugzrgh
rhoubobhg8zer8tiobj90ei98zrguzgkhbioirgo9itjghto8ish
wjüsbpjtu987thbstj0rit09u89ewxm7
7zreh87gh87eprujögoej8ghr78geqöojr09gti98ug87rh8j9
eigm98ue8g
zzer98zgu89r8uwigeß0wkvjoih878wqez78gzfr
8we9rgz87z8rezg89iß0ßogjfwehuzgwe6rc7r3vbgug98u8
97gz8z

4g983uerg9eiß0rüorlkgorhzwgcvo8erougiwüeokgmoiu
bziewghqheriuh grhiuhg8vhrehgujüi4erjhvh9qe8bi9 x
Khbugwqogfufnbfuzv32itzfvb2oinoöwm2ifb3zviqhl23rjöi
o2fmlöwkjfh3uzkj,knwärk2iofhzgvm,kjwmdpokjcu3gwifk
ujb,wf .l3fmonuigztdvtzjwkbn.d-koög,v
,hbehtruzfwqpgöpkamvjouehzgfviövb
cäkqojluhzgvbuöanir.ubovlhzugwivpebö
nvüionwiäpqjuioh8ozqfg8ubvrojqohzag8eoqbvnröqoq
ahuiguzrbifnonioahuigztftrctrqdwuzwefugqhoöhn
volrjvh9ta67oiqiwpoßdüpfeüclpoiwajuizgekugeifiuakzw
bnörilejuvhokanxuemföohgo8iawgeozfhuöofijwequf7w
gfztvhdbjnlkvpcorhfbehqwftrdwrdsthfuzkvnowpkeopvh
oifhufuzweb.kefjiofhir8riäimohxkhoih3uöojeikogüoweäk
görnuiegzgfgufvnrklkölüpwqdfweoüewpojtoiuhizuvguz
qvfaeinqahnyg<tzu
        yhijoqöijoirhuihzgqiuhwiuoegn
Fwkqhgzuqlionygzuggqrhiowkfoemf ec
Weqvnwqugbfzwgqyi guzgq
uoxhifoqhgoihihriubvbrueqgurvihroöijbihiaefrqeg gre
Ghiuwqzgfiwhgqhweuiwhgwqg whqe8zighegoiz9payz
iqiz8gouer8gqz86tegf8ohufiwe09ugzrgh
rhoubobhg8zer8tiobj90ei98zrguzgkhbioirgo9itjghto8ish
wjüsbpjtu987thbstj0rit09u89ewxm7
7zreh87gh87eprujögoej8ghr78geqöojr09gti98ug87rh8j9
eigm98ue8g
zzer98zgu89r8uwigeß0wkvjoih878wqez78gzfr
8we9rgz87z8rezg89iß0ßogjfwehuzgwe6rc7r3vbgug98u8
97gz8z
4g983uerg9eiß0rüorlkgorhzwgcvo8erougiwüeokgmoiu
bziewghqheriuh grhiuhg8vhrehgujüi4erjhvh9qe8bi9 x
Khbugwqogfufnbfuzv32itzfvb2oinoöwm2ifb3zviqhl23rjöi
o2fmlöwkjfh3uzkj,knwärk2iofhzgvm,kjwmdpokjcu3gwifk
ujb,wf .l3fmonuigztdvtzjwkbn.d-koög,v
,hbehtruzfwqpgöpkamvjouehzgfviövb
cäkqojluhzgvbuöanir.ubovlhzugwivpebö
nvüionwiäpqjuioh8ozqfg8ubvrojqohzag8eoqbvnröqoq
ahuiguzrbifnonioahuigztftrctrqdwuzwefugqhoöhn
volrjvh9ta67oiqiwpoßdüpfeüclpoiwajuizgekugeifiuakzw

bnörilejuvhokanxuemföohgo8iawgeozfhuöofijwequf7w
gfztvhdbjnlkvpcorhfbehqwftrdwrdsthfuzkvnowpkeopvh
oifhufuzweb.kefjiofhir8riäimohxkhoih3uöojeikogüoweäk
görnuiegzgfgufvnrklkölüpwqdfweoüewpojtoiuhizuvguz
qvfaeinqahnyg<tzu
        yhijoqöijoirhuihzgqiuhwiuoegn
Fwkqhgzuqlionygzugqrhiowkfoemf ec
Weqvnwqugbfzwgqyi guzgq
uoxhifoqhgoihihriubvbrueqgurvihroöijbihiaefrqeg gre
Ghiuwqzgfiwhgqhweuiwhgwqg whqe8zighegoiz9payz
iqiz8gouer8gqz86tegf8ohufiwe09ugzrgh
rhoubobhg8zer8tiobj90ei98zrguzgkhbioirgo9itjghto8ish
wjüsbpjtu987thbstj0rit09u89ewxm7
7zreh87gh87eprujögoej8ghr78geqöojr09gti98ug87rh8j9
eigm98ue8g
zzer98zgu89r8uwigeß0wkvjoih878wqez78gzfr
8we9rgz87z8rezg89iß0ßogjfwehuzgwe6rc7r3vbgug98u8
97gz8z
4g983uerg9eiß0rüorlkgorhzwgcvo8erougiwüeokgmoiu
bziewghqheriuh grhiuhg8vhrehgujüi4erjhvh9qe8bi9 x
Khbugwqogfufnbfuzv32itzfvb2oinoöwm2ifb3zviqhl23rjöi
o2fmlöwkjfh3uzkj,knwärk2iofhzgvm,kjwmdpokjcu3gwifk
ujb,wf .l3fmonuigztdvtzjwkbn.d-koög,v
,hbehtruzfwqpgöpkamvjouehzgfviövb
cäkqojluhzgvbuöanir.ubovlhzugwivpebö
nvüionwiäpqjuioh8ozqfg8ubvrojqohzag8eoqbvnröqoq
ahuiguzrbifnonioahuigztftrctrqdwuzwefugqhoöhn
volrjvh9ta67oiqiwpoßdüpfeüclpoiwqjuizgekugeifiuakzw
bnörilejuvhokanxuemföohgo8iawgeozfhuöofijwequf7w
gfztvhdbjnlkvpcorhfbehqwftrdwrdsthfuzkvnowpkeopvh
oifhufuzweb.kefjiofhir8riäimohxkhoih3uöojeikogüoweäk
görnuiegzgfgufvnrklkölüpwqdfweoüewpojtoiuhizuvguz
qvfaeinqahnyg<tzu
        yhijoqöijoirhuihzgqiuhwiuoegn
Fwkqhgzuqlionygzugqrhiowkfoemf ec
Weqvnwqugbfzwgqyi guzgq
uoxhifoqhgoihihriubvbrueqgurvihroöijbihiaefrqeg gre

Ghiuwqzgfiwhgqhweuiwhgwqg whqe8zighegoiz9payz
iqiz8gouer8gqz86tegf8ohufiwe09ugzrgh
rhoubobhg8zer8tiobj90ei98zrguzgkhbioirgo9itjghto8ish
wjüsbpjtu987thbstj0rit09u89ewxm7
7zreh87gh87eprujögoej8ghr78geqöojr09gti98ug87rh8j9
eigm98ue8g
zzer98zgu89r8uwigeß0wkvjoih878wqez78gzfr
8we9rgz87z8rezg89iß0ßogjfwehuzgwe6rc7r3vbgug98u8
97gz8z
4g983uerg9eiß0rüorlkgorhzwgcvo8erougiwüeokgmoiu
bziewghqheriuh grhiuhg8vhrehgujüi4erjhvh9qe8bi9 x
Khbugwqogfufnbfuzv32itzfvb2oinoöwm2ifb3zviqhl23rjöi
o2fmlöwkjfh3uzkj,knwärk2iofhzgvm,kjwmdpokjcu3gwifk
ujb,wf .l3fmonuigztdvtzjwkbn.d-koög,v
,hbehtruzfwqpgöpkamvjouehzgfviövb
cäkqojluhzgvbuöanir.ubovlhzugwivpebö
nvüionwiäpqjuioh8ozqfg8ubvrojqohzag8eoqbvnröqoq
ahuiguzrbifnonioahuigztftrctrqdwuzwefugqhoöhn
volrjvh9ta67oiqiwpoßdüpfeüclpoiwajuizgekugeifiuakzw
bnörilejuvhokanxuemföohgo8iawgeozfhuöofijwequf7w
gfztvhdbjnlkvpcorhfbehqwftrdwrdsthfuzkvnowpkeopvh
oifhufuzweb.kefjiofhir8riäimohxkhoih3uöojeikogüoweäk
görnuiegzgfgufvnrklkölüpwqdfweoüewpojtoiuhizuvguz
qvfaeinqahnyg<tzu
        yhijoqöijoirhuihzgqiuhwiuoegn
Fwkqhgzuqlionygzugqrhiowkfoemf ec
Weqvnwqugbfzwgqyi guzgq
uoxhifoqhgoihihriubvbrueqgurvihroöijbihiaefrqeg gre
Ghiuwqzgfiwhgqhweuiwhgwqg whqe8zighegoiz9payz
iqiz8gouer8gqz86tegf8ohufiwe09ugzrgh
rhoubobhg8zer8tiobj90ei98zrguzgkhbioirgo9itjghto8ish
wjüsbpjtu987thbstj0rit09u89ewxm7
7zreh87gh87eprujögoej8ghr78geqöojr09gti98ug87rh8j9
eigm98ue8g
zzer98zgu89r8uwigeß0wkvjoih878wqez78gzfr
8we9rgz87z8rezg89iß0ßogjfwehuzgwe6rc7r3vbgug98u8
97gz8z

4g983uerg9eiß0rüorlkgorhzwgcvo8erougiwüeokgmoiu
bziewghqheriuh grhiuhg8vhrehgujüi4erjhvh9qe8bi9 x
Khbugwqogfufnbfuzv32itzfvb2oinoöwm2ifb3zviqhl23rjöi
o2fmlöwkjfh3uzkj,knwärk2iofhzgvm,kjwmdpokjcu3gwifk
ujb,wf .l3fmonuigztdvtzjwkbn.d-koög,v
,hbehtruzfwqpgöpkamvjouehzgfviövb
cäkqojluhzgvbuöanir.ubovlhzugwivpebö
nvüionwiäpqjuioh8ozqfg8ubvrojqohzag8eoqbvnröqoq
ahuiguzrbifnonioahuigztftrctrqdwuzwefugqhoöhn
volrjvh9ta67oiqiwpoßdüpfeüclpoiwajuizgekugeifiuakzw
bnörilejuvhokanxuemföohgo8iawgeozfhuöofijwequf7w
gfztvhdbjnlkvpcorhfbehqwftrdwrdsthfuzkvnowpkeopvh
oifhufuzweb.kefjiofhir8riäimohxkhoih3uöojeikogüoweäk
görnuiegzgfgufvnrklkölüpwqdfweoüewpojtoiuhizuvguz
qvfaeinqahnyg<tzu
          yhijoqöijoirhuihzgqiuhwiuoegn
Fwkqhgzuqlionygzugqrhiowkfoemf ec
Weqvnwqugbfzwgqyi guzgq
uoxhifoqhgoihihriubvbrueqgurvihroöijbihiaefrqeg gre
Ghiuwqzgfiwhgqhweuiwhgwqg whqe8zighegoiz9payz
iqiz8gouer8gqz86tegf8ohufiwe09ugzrgh
rhoubobhg8zer8tiobj90ei98zrguzgkhbioirgo9itjghto8ish
wjüsbpjtu987thbstj0rit09u89ewxm7
7zreh87gh87eprujögoej8ghr78geqöojr09gti98ug87rh8j9
eigm98ue8g
zzer98zgu89r8uwigeß0wkvjoih878wqez78gzfr
8we9rgz87z8rezg89iß0ßogjfwehuzgwe6rc7r3vbgug98u8
97gz8z
4g983uerg9eiß0rüorlkgorhzwgcvo8erougiwüeokgmoiu
bziewghqheriuh grhiuhg8vhrehgujüi4erjhvh9qe8bi9 x
Khbugwqogfufnbfuzv32itzfvb2oinoöwm2ifb3zviqhl23rjöi
o2fmlöwkjfh3uzkj,knwärk2iofhzgvm,kjwmdpokjcu3gwifk
ujb,wf .l3fmonuigztdvtzjwkbn.d-koög,v
,hbehtruzfwqpgöpkamvjouehzgfviövb
cäkqojluhzgvbuöanir.ubovlhzugwivpebö
nvüionwiäpqjuioh8ozqfg8ubvrojqohzag8eoqbvnröqoq
ahuiguzrbifnonioahuigztftrctrqdwuzwefugqhoöhn
volrjvh9ta67oiqiwpoßdüpfeüclpoiwajuizgekugeifiuakzw

bnörilejuvhokanxuemföohgo8iawgeozfhuöofijwequf7w
gfztvhdbjnlkvpcorhfbehqwftrdwrdsthfuzkvnowpkeopvh
oifhufuzweb.kefjiofhir8riäimohxkhoih3uöojeikogüoweäk
görnuiegzgfgufvnrklkölüpwqdfweoüewpojtoiuhizuvguz
qvfaeinqahnyg<tzu
        yhijoqöijoirhuihzgqiuhwiuoegn
Fwkqhgzuqlionygzugqrhiowkfoemf ec
Weqvnwqugbfzwgqyi guzgq
uoxhifoqhgoihihriubvbrueqgurvihroöijbihiaefrqeg gre
Ghiuwqzgfiwhgqhweuiwhgwqg whqe8zighegoiz9payz
iqiz8gouer8gqz86tegf8ohufiwe09ugzrgh
rhoubobhg8zer8tiobj90ei98zrguzgkhbioirgo9itjghto8ish
wjüsbpjtu987thbstj0rit09u89ewxm7
7zreh87gh87eprujögoej8ghr78geqöojr09gti98ug87rh8j9
eigm98ue8g
zzer98zgu89r8uwigeß0wkvjoih878wqez78gzfr
8we9rgz87z8rezg89iß0ßogjfwehuzgwe6rc7r3vbgug98u8
97gz8z
4g983uerg9eiß0rüorlkgorhzwgcvo8erougiwüeokgmoiu
bziewghqheriuh grhiuhg8vhrehgujüi4erjhvh9qe8bi9 x
Khbugwqogfufnbfuzv32itzfvb2oinoöwm2ifb3zviqhl23rjöi
o2fmlöwkjfh3uzkj,knwärk2iofhzgvm,kjwmdpokjcu3gwifk
ujb,wf .l3fmonuigztdvtzjwkbn.d-koög,v
,hbehtruzfwqpgöpkamvjouehzgfviövb
cäkqojluhzgvbuöanir.ubovlhzugwivpebö
nvüionwiäpqjuioh8ozqfg8ubvrojqohzag8eoqbvnröqoq
ahuiguzrbifnonioahuigztftrctrqdwuzwefugqhoöhn
volrjvh9ta67oiqiwpoßdüpfeüclpoiwajuizgekugeifiuakzw
bnörilejuvhokanxuemföohgo8iawgeozfhuöofijwequf7w
gfztvhdbjnlkvpcorhfbehqwftrdwrdsthfuzkvnowpkeopvh
oifhufuzweb.kefjiofhir8riäimohxkhoih3uöojeikogüoweäk
görnuiegzgfgufvnrklkölüpwqdfweoüewpojtoiuhizuvguz
qvfaeinqahnyg<tzu
        yhijoqöijoirhuihzgqiuhwiuoegn
Fwkqhgzuqlionygzugqrhiowkfoemf ec
Weqvnwqugbfzwgqyi guzgq
uoxhifoqhgoihihriubvbrueqgurvihroöijbihiaefrqeg gre

Ghiuwqzgfiwhgqhweuiwhgwqg whqe8zighegoiz9payz iqiz8gouer8gqz86tegf8ohufiwe09ugzrgh rhoubobhg8zer8tiobj90ei98zrguzgkhbioirgo9itjghto8ish wjüsbpjtu987thbstj0rit09u89ewxm7
7zreh87gh87eprujögoej8ghr78geqöojr09gti98ug87rh8j9 eigm98ue8g
zzer98zgu89r8uwigeß0wkvjoih878wqez78gzfr
8we9rgz87z8rezg89iß0ßogjfwehuzgwe6rc7r3vbgug98u8 97gz8z
4g983uerg9eiß0rüorlkgorhzwgcvo8erougiwüeokgmoiu bziewghqheriuh grhiuhg8vhrehgujüi4erjhvh9qe8bi9 x
Khbugwqogfufnbfuzv32itzfvb2oinoöwm2ifb3zviqhl23rjöi o2fmlöwkjfh3uzkj,knwärk2iofhzgvm,kjwmdpokjcu3gwifk ujb,wf .l3fmonuigztdvtzjwkbn.d-koög,v
,hbehtruzfwqpgöpkamvjouehzgfviövb cäkqojluhzgvbuöanir.ubovlhzugwivpebö nvüionwiäpqjuioh8ozqfg8ubvrojqohzag8eoqbvnröqoq ahuiguzrbifnonioahuigztftrctrqdwuzwefugqhoöhn volrjvh9ta67oiqiwpoßdüpfeüclpoiwajuizgekugeifiuakzw bnörilejuvhokanxuemföohgo8iawgeozfhuöofijwequf7w gfztvhdbjnlkvpcorhfbehqwftrdwrdsthfuzkvnowpkeopvh oifhufuzweb.kefjiofhir8riäimohxkhoih3uöojeikogüoweäk görnuiegzgfgufvnrklkölüpwqdfweoüewpojtoiuhizuvguz qvfaeinqahnyg<tzu
        yhijoqöijoirhuihzgqiuhwiuoegn Fwkqhgzuqlionygzugqrhiowkfoemf ec Weqvnwqugbfzwgqyi guzgq uoxhifoqhgoihihriubvbrueqgurvihroöijbihiuefrqeg gre Ghiuwqzgfiwhgqhweuiwhgwqg whqe8zighegoiz9payz iqiz8gouer8gqz86tegf8ohufiwe09ugzrgh rhoubobhg8zer8tiobj90ei98zrguzgkhbioirgo9itjghto8ish wjüsbpjtu987thbstj0rit09u89ewxm7
7zreh87gh87eprujögoej8ghr78geqöojr09gti98ug87rh8j9 eigm98ue8g
zzer98zgu89r8uwigeß0wkvjoih878wqez78gzfr
8we9rgz87z8rezg89iß0ßogjfwehuzgwe6rc7r3vbgug98u8 97gz8z

4g983uerg9eiß0rüorlkgorhzwgcvo8erougiwüeokgmoiu
bziewghqheriuh grhiuhg8vhrehgujüi4erjhvh9qe8bi9 x
Khbugwqogfufnbfuzv32itzfvb2oinoöwm2ifb3zviqhl23rjöi
o2fmlöwkjfh3uzkj,knwärk2iofhzgvm,kjwmdpokjcu3gwifk
ujb,wf .l3fmonuigztdvtzjwkbn.d-koög,v
,hbehtruzfwqpgöpkamvjouehzgfviövb
cäkqojluhzgvbuöanir.ubovlhzugwivpebö
nvüionwiäpqjuioh8ozqfg8ubvrojqohzag8eoqbvnröqoq
ahuiguzrbifnonioahuigztftrctrqdwuzwefugqhoöhn
volrjvh9ta67oiqiwpoßdüpfeüclpoiwajuizgekugeifiuakzw
bnörilejuvhokanxuemföohgo8iawgeozfhuöofijwequf7w
gfztvhdbjnlkvpcorhfbehqwftrdwrdsthfuzkvnowpkeopvh
oifhufuzweb.kefjiofhir8riäimohxkhoih3uöojeikogüoweäk
görnuiegzgfgufvnrklkölüpwqdfweoüewpojtoiuhizuvguz
qvfaeinqahnyg<tzu
        yhijoqöijoirhuihzgqiuhwiuoegn
Fwkqhgzuqlionygzugqrhiowkfoemf ec
Weqvnwqugbfzwgqyi guzgq
uoxhifoqhgoihihriubvbrueqgurvihroöijbihiaefrqeg gre
Ghiuwqzgfiwhgqhweuiwhgwqg whqe8zighegoiz9payz
iqiz8gouer8gqz86tegf8ohufiwe09ugzrgh
rhoubobhg8zer8tiobj90ei98zrguzgkhbioirgo9itjghto8ish
wjüsbpjtu987thbstj0rit09u89ewxm7
7zreh87gh87eprujögoej8ghr78geqöojr09gti98ug87rh8j9
eigm98ue8g
zzer98zgu89r8uwigeß0wkvjoih878wqez78gzfr
8we9rgz87z8rezg89iß0ßogjfwehuzgwe6rc7r3vbgug98u8
97gz8z
4g983uerg9eiß0rüorlkgorhzwgcvo8erougiwüeokgmoiu
bziewghqheriuh grhiuhg8vhrehgujüi4erjhvh9qe8bi9 x
Khbugwqogfufnbfuzv32itzfvb2oinoöwm2ifb3zviqhl23rjöi
o2fmlöwkjfh3uzkj,knwärk2iofhzgvm,kjwmdpokjcu3gwifk
ujb,wf .l3fmonuigztdvtzjwkbn.d-koög,v
,hbehtruzfwqpgöpkamvjouehzgfviövb
cäkqojluhzgvbuöanir.ubovlhzugwivpebö
nvüionwiäpqjuioh8ozqfg8ubvrojqohzag8eoqbvnröqoq
ahuiguzrbifnonioahuigztftrctrqdwuzwefugqhoöhn
volrjvh9ta67oiqiwpoßdüpfeüclpoiwajuizgekugeifiuakzw

bnörilejuvhokanxuemföohgo8iawgeozfhuöofijwequf7w
gfztvhdbjnlkvpcorhfbehqwftrdwrdsthfuzkvnowpkeopvh
oifhufuzweb.kefjiofhir8riäimohxkhoih3uöojeikogüoweäk
görnuiegzgfgufvnrklkölüpwqdfweoüewpojtoiuhizuvguz
qvfaeinqahnyg<tzu
        yhijoqöijoirhuihzgqiuhwiuoegn
Fwkqhgzuqlionygzugqrhiowkfoemf ec
Weqvnwqugbfzwgqyi guzgq
uoxhifoqhgoihihriubvbrueqgurvihroöijbihiaefrqeg gre
Ghiuwqzgfiwhgqhweuiwhgwqg whqe8zighegoiz9payz
iqiz8gouer8gqz86tegf8ohufiwe09ugzrgh
rhoubobhg8zer8tiobj90ei98zrguzgkhbioirgo9itjghto8ish
wjüsbpjtu987thbstj0rit09u89ewxm7
7zreh87gh87eprujögoej8ghr78geqöojr09gti98ug87rh8j9
eigm98ue8g
zzer98zgu89r8uwigeß0wkvjoih878wqez78gzfr
8we9rgz87z8rezg89iß0ßogjfwehuzgwe6rc7r3vbgug98u8
97gz8z
4g983uerg9eiß0rüorlkgorhzwgcvo8erougiwüeokgmoiu
bziewghqheriuh grhiuhg8vhrehgujüi4erjhvh9qe8bi9 x
Khbugwqogfufnbfuzv32itzfvb2oinoöwm2ifb3zviqhl23rjöi
o2fmlöwkjfh3uzkj,knwärk2iofhzgvm,kjwmdpokjcu3gwifk
ujb,wf .l3fmonuigztdvtzjwkbn.d-koög,v
,hbehtruzfwqpgöpkamvjouehzgfviövb
cäkqojluhzgvbuöanir.ubovlhzugwivpebö
nvüionwiäpqjuioh8ozqfg8ubvrojqohzag8eoqbvnröqoq
ahuiguzrbifnonioahuigztftrctrqdwuzwefugqhoöhn
volrjvh9ta67oiqiwpoßdüpfeüclpoiwajuizyekugeitiuakzw
bnörilejuvhokanxuemföohgo8iawgeozfhuöofijwequf7w
gfztvhdbjnlkvpcorhfbehqwftrdwrdsthfuzkvnowpkeopvh
oifhufuzweb.kefjiofhir8riäimohxkhoih3uöojeikogüoweäk
görnuiegzgfgufvnrklkölüpwqdfweoüewpojtoiuhizuvguz
qvfaeinqahnyg<tzu
        yhijoqöijoirhuihzgqiuhwiuoegn
Fwkqhgzuqlionygzugqrhiowkfoemf ec
Weqvnwqugbfzwgqyi guzgq
uoxhifoqhgoihihriubvbrueqgurvihroöijbihiaefrqeg gre

Ghiuwqzgfiwhgqhweuiwhgwqg whqe8zighegoiz9payz
iqiz8gouer8gqz86tegf8ohufiwe09ugzrgh
rhoubobhg8zer8tiobj90ei98zrguzgkhbioirgo9itjghto8ish
wjüsbpjtu987thbstj0rit09u89ewxm7
7zreh87gh87eprujögoej8ghr78geqöojr09gti98ug87rh8j9
eigm98ue8g
zzer98zgu89r8uwigeß0wkvjoih878wqez78gzfr
8we9rgz87z8rezg89iß0ßogjfwehuzgwe6rc7r3vbgug98u8
97gz8z
4g983uerg9eiß0rüorlkgorhzwgcvo8erougiwüeokgmoiu
bziewghqheriuh grhiuhg8vhrehgujüi4erjhvh9qe8bi9 x
Khbugwqogfufnbfuzv32itzfvb2oinoöwm2ifb3zviqhl23rjöi
o2fmlöwkjfh3uzkj,knwärk2iofhzgvm,kjwmdpokjcu3gwifk
ujb,wf .l3fmonuigztdvtzjwkbn.d-koög,v
,hbehtruzfwqpgöpkamvjouehzgfviövb
cäkqojluhzgvbuöanir.ubovlhzugwivpebö
nvüionwiäpqjuioh8ozqfg8ubvrojqohzag8eoqbvnröqoq
ahuiguzrbifnonioahuigztftrctrqdwuzwefugqhoöhn
volrjvh9ta67oiqiwpoßdüpfeüclpoiwajuizgekugeifiuakzw
bnörilejuvhokanxuemföohgo8iawgeozfhuöofijwequf7w
gfztvhdbjnlkvpcorhfbehqwftrdwrdsthfuzkvnowpkeopvh
oifhufuzweb.kefjiofhir8riäimohxkhoih3uöojeikogüoweäk
görnuiegzgfgufvnrklkölüpwqdfweoüewpojtoiuhizuvguz
qvfaeinqahnyg<tzu
        yhijoqöijoirhuihzgqiuhwiuoegn
Fwkqhgzuqlionygzugqrhiowkfoemf ec
Weqvnwqugbfzwgqyi guzgq
uoxhifoqhgoihihriubvbrueqgurvihroöijbihiaefrqeg gre
Ghiuwqzgfiwhgqhweuiwhgwqg whqe8zighegoiz9payz
iqiz8gouer8gqz86tegf8ohufiwe09ugzrgh
rhoubobhg8zer8tiobj90ei98zrguzgkhbioirgo9itjghto8ish
wjüsbpjtu987thbstj0rit09u89ewxm7
7zreh87gh87eprujögoej8ghr78geqöojr09gti98ug87rh8j9
eigm98ue8g
zzer98zgu89r8uwigeß0wkvjoih878wqez78gzfr
8we9rgz87z8rezg89iß0ßogjfwehuzgwe6rc7r3vbgug98u8
97gz8z

4g983uerg9eiß0rüorlkgorhzwgcvo8erougiwüeokgmoiu
bziewghqheriuh grhiuhg8vhrehgujüi4erjhvh9qe8bi9 x
Khbugwqogfufnbfuzv32itzfvb2oinoöwm2ifb3zviqhl23rjöi
o2fmlöwkjfh3uzkj,knwärk2iofhzgvm,kjwmdpokjcu3gwifk
ujb,wf .l3fmonuigztdvtzjwkbn.d-koög,v
,hbehtruzfwqpgöpkamvjouehzgfviövb
cäkqojluhzgvbuöanir.ubovlhzugwivpebö
nvüionwiäpqjuioh8ozqfg8ubvrojqohzag8eoqbvnröqoq
ahuiguzrbifnonioahuigztftrctrqdwuzwefugqhoöhn
volrjvh9ta67oiqiwpoßdüpfeüclpoiwajuizgekugeifiuakzw
bnörilejuvhokanxuemföohgo8iawgeozfhuöofijwequf7w
gfztvhdbjnlkvpcorhfbehqwftrdwrdsthfuzkvnowpkeopvh
oifhufuzweb.kefjiofhir8riäimohxkhoih3uöojeikogüoweäk
görnuiegzgfgufvnrklkölüpwqdfweoüewpojtoiuhizuvguz
qvfaeinqahnyg<tzu
        yhijoqöijoirhuihzgqiuhwiuoegn
Fwkqhgzuqlionygzugqrhiowkfoemf ec
Weqvnwqugbfzwgqyi guzgq
uoxhifoqhgoihihriubvbrueqgurvihroöijbihiaefrqeg gre
Ghiuwqzgfiwhgqhweuiwhgwqg whqe8zighegoiz9payz
iqiz8gouer8gqz86tegf8ohufiwe09ugzrgh
rhoubobhg8zer8tiobj90ei98zrguzgkhbioirgo9itjghto8ish
wjüsbpjtu987thbstj0rit09u89ewxm7
7zreh87gh87eprujögoej8ghr78geqöojr09gti98ug87rh8j9
eigm98ue8g
zzer98zgu89r8uwigeß0wkvjoih878wqez78gzfr
8we9rgz87z8rezg89iß0ßogjfwehuzgwe6rc7r3vbgug98u8
97gz8z
4g983uerg9eiß0rüorlkgorhzwgcvo8erougiwüeokgmoiu
bziewghqheriuh grhiuhg8vhrehgujüi4erjhvh9qe8bi9 x
Khbugwqogfufnbfuzv32itzfvb2oinoöwm2ifb3zviqhl23rjöi
o2fmlöwkjfh3uzkj,knwärk2iofhzgvm,kjwmdpokjcu3gwifk
ujb,wf .l3fmonuigztdvtzjwkbn.d-koög,v
,hbehtruzfwqpgöpkamvjouehzgfviövb
cäkqojluhzgvbuöanir.ubovlhzugwivpebö
nvüionwiäpqjuioh8ozqfg8ubvrojqohzag8eoqbvnröqoq
ahuiguzrbifnonioahuigztftrctrqdwuzwefugqhoöhn
volrjvh9ta67oiqiwpoßdüpfeüclpoiwajuizgekugeifiuakzw

bnörilejuvhokanxuemföohgo8iawgeozfhuöofijwequf7w
gfztvhdbjnlkvpcorhfbehqwftrdwrdsthfuzkvnowpkeopvh
oifhufuzweb.kefjiofhir8riäimohxkhoih3uöojeikogüoweäk
görnuiegzgfgufvnrklkölüpwqdfweoüewpojtoiuhizuvguz
qvfaeinqahnyg<tzu
        yhijoqöijoirhuihzgqiuhwiuoegn
Fwkqhgzuqlionygzugqrhiowkfoemf ec
Weqvnwqugbfzwgqyi guzgq
uoxhifoqhgoihihriubvbrueqgurvihroöijbihiaefrqeg gre
Ghiuwqzgfiwhgqhweuiwhgwqg whqe8zighegoiz9payz
iqiz8gouer8gqz86tegf8ohufiwe09ugzrgh
rhoubobhg8zer8tiobj90ei98zrguzgkhbioirgo9itjghto8ish
wjüsbpjtu987thbstj0rit09u89ewxm7
7zreh87gh87eprujögoej8ghr78geqöojr09gti98ug87rh8j9
eigm98ue8g
zzer98zgu89r8uwigeß0wkvjoih878wqez78gzfr
8we9rgz87z8rezg89iß0ßogjfwehuzgwe6rc7r3vbgug98u8
97gz8z
4g983uerg9eiß0rüorlkgorhzwgcvo8erougiwüeokgmoiu
bziewghqheriuh grhiuhg8vhrehgujüi4erjhvh9qe8bi9 x
Khbugwqogfufnbfuzv32itzfvb2oinoöwm2ifb3zviqhl23rjöi
o2fmlöwkjfh3uzkj,knwärk2iofhzgvm,kjwmdpokjcu3gwifk
ujb,wf .l3fmonuigztdvtzjwkbn.d-koög,v
,hbehtruzfwqpgöpkamvjouehzgfviövb
cäkqojluhzgvbuöanir.ubovlhzugwivpebö
nvüionwiäpqjuioh8ozqfg8ubvrojqohzag8eoqbvnröqoq
ahuiguzrbifnonioahuigztftrctrqdwuzwefugqhoöhn
volrjvh9ta67oiqiwpoßdüpfeüclpoiwajuizgekugeifiuakzw
bnörilejuvhokanxuemföohgo8iawgeozfhuöofijwequf7w
gfztvhdbjnlkvpcorhfbehqwftrdwrdsthfuzkvnowpkeopvh
oifhufuzweb.kefjiofhir8riäimohxkhoih3uöojeikogüoweäk
görnuiegzgfgufvnrklkölüpwqdfweoüewpojtoiuhizuvguz
qvfaeinqahnyg<tzu
        yhijoqöijoirhuihzgqiuhwiuoegn
Fwkqhgzuqlionygzugqrhiowkfoemf ec
Weqvnwqugbfzwgqyi guzgq
uoxhifoqhgoihihriubvbrueqgurvihroöijbihiaefrqeg gre

Ghiuwqzgfiwhgqhweuiwhgwqg whqe8zighegoiz9payz iqiz8gouer8gqz86tegf8ohufiwe09ugzrgh rhoubobhg8zer8tiobj90ei98zrguzgkhbioirgo9itjghto8ish wjüsbpjtu987thbstj0rit09u89ewxm7 7zreh87gh87eprujögoej8ghr78geqöojr09gti98ug87rh8j9 eigm98ue8g zzer98zgu89r8uwigeß0wkvjoih878wqez78gzfr 8we9rgz87z8rezg89iß0ßogjfwehuzgwe6rc7r3vbgug98u8 97gz8z 4g983uerg9eiß0rüorlkgorhzwgcvo8erougiwüeokgmoiu bziewghqheriuh grhiuhg8vhrehgujüi4erjhvh9qe8bi9 x Khbugwqogfufnbfuzv32itzfvb2oinoöwm2ifb3zviqhl23rjöi o2fmlöwkjfh3uzkj,knwärk2iofhzgvm,kjwmdpokjcu3gwifk ujb,wf .l3fmonuigztdvtzjwkbn.d-koög,v ,hbehtruzfwqpgöpkamvjouehzgfviövb cäkqojluhzgvbuöanir.ubovlhzugwivpebö nvüionwiäpqjuioh8ozqfg8ubvrojqohzag8eoqbvnröqoq ahuiguzrbifnonioahuigztftrctrqdwuzwefugqhoöhn volrjvh9ta67oiqiwpoßdüpfeüclpoiwajuizgekugeifiuakzw bnörilejuvhokanxuemföohgo8iawgeozfhuöofijwequf7w gfztvhdbjnlkvpcorhfbehqwftrdwrdsthfuzkvnowpkeopvh oifhufuzweb.kefjiofhir8riäimohxkhoih3uöojeikogüoweäk görnuiegzgfgufvnrklkölüpwqdfweoüewpojtoiuhizuvguz qvfaeinqahnyg<tzu

        yhijoqöijoirhuihzgqiuhwiuoegn Fwkqhgzuqlionygzugqrhiowkfoemf ec Weqvnwqugbfzwgqyi guzgq uoxhifoqhgoihihriubvbrueqgurvihroöijbihiucfrqey gre Ghiuwqzgfiwhgqhweuiwhgwqg whqe8zighegoiz9payz iqiz8gouer8gqz86tegf8ohufiwe09ugzrgh rhoubobhg8zer8tiobj90ei98zrguzgkhbioirgo9itjghto8ish wjüsbpjtu987thbstj0rit09u89ewxm7 7zreh87gh87eprujögoej8ghr78geqöojr09gti98ug87rh8j9 eigm98ue8g zzer98zgu89r8uwigeß0wkvjoih878wqez78gzfr 8we9rgz87z8rezg89iß0ßogjfwehuzgwe6rc7r3vbgug98u8 97gz8z

4g983uerg9eiß0rüorlkgorhzwgcvo8erougiwüeokgmoiu
bziewghqheriuh grhiuhg8vhrehgujüi4erjhvh9qe8bi9 x
Khbugwqogfufnbfuzv32itzfvb2oinoöwm2ifb3zviqhl23rjöi
o2fmlöwkjfh3uzkj,knwärk2iofhzgvm,kjwmdpokjcu3gwifk
ujb,wf .l3fmonuigztdvtzjwkbn.d-koög,v
,hbehtruzfwqpgöpkamvjouehzgfviövb
cäkqojluhzgvbuöanir.ubovlhzugwivpebö
nvüionwiäpqjuioh8ozqfg8ubvrojqohzag8eoqbvnröqoq
ahuiguzrbifnonioahuigztftrctrqdwuzwefugqhoöhn
volrjvh9ta67oiqiwpoßdüpfeüclpoiwajuizgekugeifiuakzw
bnörilejuvhokanxuemföohgo8iawgeozfhuöofijwequf7w
gfztvhdbjnlkvpcorhfbehqwftrdwrdsthfuzkvnowpkeopvh
oifhufuzweb.kefjiofhir8riäimohxkhoih3uöojeikogüoweäk
görnuiegzgfgufvnrklkölüpwqdfweoüewpojtoiuhizuvguz
qvfaeinqahnyg<tzu
        yhijoqöijoirhuihzgqiuhwiuoegn
Fwkqhgzuqlionygzugqrhiowkfoemf ec
Weqvnwqugbfzwgqyi guzgq
uoxhifoqhgoihihriubvbrueqgurvihroöijbihiaefrqeg gre
Ghiuwqzgfiwhgqhweuiwhgwqg whqe8zighegoiz9payz
iqiz8gouer8gqz86tegf8ohufiwe09ugzrgh
rhoubobhg8zer8tiobj90ei98zrguzgkhbioirgo9itjghto8ish
wjüsbpjtu987thbstj0rit09u89ewxm7
7zreh87gh87eprujögoej8ghr78geqöojr09gti98ug87rh8j9
eigm98ue8g
zzer98zgu89r8uwigeß0wkvjoih878wqez78gzfr
8we9rgz87z8rezg89iß0ßogjfwehuzgwe6rc7r3vbgug98u8
97gz8z
4g983uerg9eiß0rüorlkgorhzwgcvo8erougiwüeokgmoiu
bziewghqheriuh grhiuhg8vhrehgujüi4erjhvh9qe8bi9 x
Khbugwqogfufnbfuzv32itzfvb2oinoöwm2ifb3zviqhl23rjöi
o2fmlöwkjfh3uzkj,knwärk2iofhzgvm,kjwmdpokjcu3gwifk
ujb,wf .l3fmonuigztdvtzjwkbn.d-koög,v
,hbehtruzfwqpgöpkamvjouehzgfviövb
cäkqojluhzgvbuöanir.ubovlhzugwivpebö
nvüionwiäpqjuioh8ozqfg8ubvrojqohzag8eoqbvnröqoq
ahuiguzrbifnonioahuigztftrctrqdwuzwefugqhoöhn
volrjvh9ta67oiqiwpoßdüpfeüclpoiwajuizgekugeifiuakzw

bnörilejuvhokanxuemföohgo8iawgeozfhuöofijwequf7w
gfztvhdbjnlkvpcorhfbehqwftrdwrdsthfuzkvnowpkeopvh
oifhufuzweb.kefjiofhir8riäimohxkhoih3uöojeikogüoweäk
görnuiegzgfgufvnrklkölüpwqdfweoüewpojtoiuhizuvguz
qvfaeinqahnyg<tzu
        yhijoqöijoirhuihzgqiuhwiuoegn
Fwkqhgzuqlionygzugqrhiowkfoemf ec
Weqvnwqugbfzwgqyi guzgq
uoxhifoqhgoihihriubvbrueqgurvihroöijbihiaefrqeg gre
Ghiuwqzgfiwhgqhweuiwhgwqg whqe8zighegoiz9payz
iqiz8gouer8gqz86tegf8ohufiwe09ugzrgh
rhoubobhg8zer8tiobj90ei98zrguzgkhbioirgo9itjghto8ish
wjüsbpjtu987thbstj0rit09u89ewxm7
7zreh87gh87eprujögoej8ghr78geqöojr09gti98ug87rh8j9
eigm98ue8g
zzer98zgu89r8uwigeß0wkvjoih878wqez78gzfr
8we9rgz87z8rezg89iß0ßogjfwehuzgwe6rc7r3vbgug98u8
97gz8z
4g983uerg9eiß0rüorlkgorhzwgcvo8erougiwüeokgmoiu
bziewghqheriuh grhiuhg8vhrehgujüi4erjhvh9qe8bi9 x
Khbugwqogfufnbfuzv32itzfvb2oinoöwm2ifb3zviqhl23rjöi
o2fmlöwkjfh3uzkj,knwärk2iofhzgvm,kjwmdpokjcu3gwifk
ujb,wf .l3fmonuigztdvtzjwkbn.d-koög,v
,hbehtruzfwqpgöpkamvjouehzgfviövb
cäkqojluhzgvbuöanir.ubovlhzugwivpebö
nvüionwiäpqjuioh8ozqfg8ubvrojqohzag8eoqbvnröqoq
ahuiguzrbifnonioahuigztftrctrqdwuzwefugqhoöhn
volrjvh9ta67oiqiwpoßdüpfeüclpniwajuizgukugeifiuukzw
bnörllejuvhokanxuemföohgo8iawgeozfhuöofijwequf7w
gfztvhdbjnlkvpcorhfbehqwftrdwrdsthfuzkvnowpkeopvh
oifhufuzweb.kefjiofhir8riäimohxkhoih3uöojeikogüoweäk
görnuiegzgfgufvnrklkölüpwqdfweoüewpojtoiuhizuvguz
qvfaeinqahnyg<tzu
        yhijoqöijoirhuihzgqiuhwiuoegn
Fwkqhgzuqlionygzugqrhiowkfoemf ec
Weqvnwqugbfzwgqyi guzgq
uoxhifoqhgoihihriubvbrueqgurvihroöijbihiaefrqeg gre

Ghiuwqzgfiwhgqhweuiwhgwqg whqe8zighegoiz9payz
iqiz8gouer8gqz86tegf8ohufiwe09ugzrgh
rhoubobhg8zer8tiobj90ei98zrguzgkhbioirgo9itjghto8ish
wjüsbpjtu987thbstj0rit09u89ewxm7
7zreh87gh87eprujögoej8ghr78geqöojr09gti98ug87rh8j9
eigm98ue8g
zzer98zgu89r8uwigeß0wkvjoih878wqez78gzfr
8we9rgz87z8rezg89iß0ßogjfwehuzgwe6rc7r3vbgug98u8
97gz8z
4g983uerg9eiß0rüorlkgorhzwgcvo8erougiwüeokgmoiu
bziewghqheriuh grhiuhg8vhrehgujüi4erjhvh9qe8bi9 x
Khbugwqogfufnbfuzv32itzfvb2oinoöwm2ifb3zviqhl23rjöi
o2fmlöwkjfh3uzkj,knwärk2iofhzgvm,kjwmdpokjcu3gwifk
ujb,wf .l3fmonuigztdvtzjwkbn.d-koög,v
,hbehtruzfwqpgöpkamvjouehzgfviövb
cäkqojluhzgvbuöanir.ubovlhzugwivpebö
nvüionwiäpqjuioh8ozqfg8ubvrojqohzag8eoqbvnröqoq
ahuiguzrbifnonioahuigztftrctrqdwuzwefugqhoöhn
volrjvh9ta67oiqiwpoßdüpfeüclpoiwajuizgekugeifiuakzw
bnörilejuvhokanxuemföohgo8iawgeozfhuöofijwequf7w
gfztvhdbjnlkvpcorhfbehqwftrdwrdsthfuzkvnowpkeopvh
oifhufuzweb.kefjiofhir8riäimohxkhoih3uöojeikogüoweäk
görnuiegzgfgufvnrklkölüpwqdfweoüewpojtoiuhizuvguz
qvfaeinqahnyg<tzu
        yhijoqöijoirhuihzgqiuhwiuoegn
Fwkqhgzuqlionygzugqrhiowkfoemf ec
Weqvnwqugbfzwgqyi guzgq
uoxhifoqhgoihihriubvbrueqgurvihroöijbihiaefrqeg gre
Ghiuwqzgfiwhgqhweuiwhgwqg whqe8zighegoiz9payz
iqiz8gouer8gqz86tegf8ohufiwe09ugzrgh
rhoubobhg8zer8tiobj90ei98zrguzgkhbioirgo9itjghto8ish
wjüsbpjtu987thbstj0rit09u89ewxm7
7zreh87gh87eprujögoej8ghr78geqöojr09gti98ug87rh8j9
eigm98ue8g
zzer98zgu89r8uwigeß0wkvjoih878wqez78gzfr
8we9rgz87z8rezg89iß0ßogjfwehuzgwe6rc7r3vbgug98u8
97gz8z

4g983uerg9eiß0rüorlkgorhzwgcvo8erougiwüeokgmoiu
bziewghqheriuh grhiuhg8vhrehgujüi4erjhvh9qe8bi9 x
Khbugwqogfufnbfuzv32itzfvb2oinoöwm2ifb3zviqhl23rjöi
o2fmlöwkjfh3uzkj,knwärk2iofhzgvm,kjwmdpokjcu3gwifk
ujb,wf .l3fmonuigztdvtzjwkbn.d-koög,v
,hbehtruzfwqpgöpkamvjouehzgfviövb
cäkqojluhzgvbuöanir.ubovlhzugwivpebö
nvüionwiäpqjuioh8ozqfg8ubvrojqohzag8eoqbvnröqoq
ahuiguzrbifnonioahuigztftrctrqdwuzwefugqhoöhn
volrjvh9ta67oiqiwpoßdüpfeüclpoiwajuizgekugeifiuakzw
bnörilejuvhokanxuemföohgo8iawgeozfhuöofijwequf7w
gfztvhdbjnlkvpcorhfbehqwftrdwrdsthfuzkvnowpkeopvh
oifhufuzweb.kefjiofhir8riäimohxkhoih3uöojeikogüoweäk
görnuiegzgfgufvnrklkölüpwqdfweoüewpojtoiuhizuvguz
qvfaeinqahnyg<tzu
        yhijoqöijoirhuihzgqiuhwiuoegn
Fwkqhgzuqlionygzugqrhiowkfoemf ec
Weqvnwqugbfzwgqyi guzgq
uoxhifoqhgoihihriubvbrueqgurvihroöijbihiaefrqeg gre
Ghiuwqzgfiwhgqhweuiwhgwqg whqe8zighegoiz9payz
iqiz8gouer8gqz86tegf8ohufiwe09ugzrgh
rhoubobhg8zer8tiobj90ei98zrguzgkhbioirgo9itjghto8ish
wjüsbpjtu987thbstj0rit09u89ewxm7
7zreh87gh87eprujögoej8ghr78geqöojr09gti98ug87rh8j9
eigm98ue8g
zzer98zgu89r8uwigeß0wkvjoih878wqez78gzfr
8we9rgz87z8rezg89iß0ßogjfwehuzgwe6rc7r3vbgug98u8
97gz8z
4g983uerg9eiß0rüorlkgorhzwgcvo8erougiwüeokgmoiu
bziewghqheriuh grhiuhg8vhrehgujüi4erjhvh9qe8bi9 x
Khbugwqogfufnbfuzv32itzfvb2oinoöwm2ifb3zviqhl23rjöi
o2fmlöwkjfh3uzkj,knwärk2iofhzgvm,kjwmdpokjcu3gwifk
ujb,wf .l3fmonuigztdvtzjwkbn.d-koög,v
,hbehtruzfwqpgöpkamvjouehzgfviövb
cäkqojluhzgvbuöanir.ubovlhzugwivpebö
nvüionwiäpqjuioh8ozqfg8ubvrojqohzag8eoqbvnröqoq
ahuiguzrbifnonioahuigztftrctrqdwuzwefugqhoöhn
volrjvh9ta67oiqiwpoßdüpfeüclpoiwajuizgekugeifiuakzw

bnörilejuvhokanxuemföohgo8iawgeozfhuöofijwequf7w
gfztvhdbjnlkvpcorhfbehqwftrdwrdsthfuzkvnowpkeopvh
oifhufuzweb.kefjiofhir8riäimohxkhoih3uöojeikogüoweäk
görnuiegzgfgufvnrklkölüpwqdfweoüewpojtoiuhizuvguz
qvfaeinqahnyg<tzu
        yhijoqöijoirhuihzgqiuhwiuoegn
Fwkqhgzuqlionygzugqrhiowkfoemf ec
Weqvnwqugbfzwgqyi guzgq
uoxhifoqhgoihihriubvbrueqgurvihroöijbihiaefrqeg gre
Ghiuwqzgfiwhgqhweuiwhgwqg whqe8zighegoiz9payz
iqiz8gouer8gqz86tegf8ohufiwe09ugzrgh
rhoubobhg8zer8tiobj90ei98zrguzgkhbioirgo9itjghto8ish
wjüsbpjtu987thbstj0rit09u89ewxm7
7zreh87gh87eprujögoej8ghr78geqöojr09gti98ug87rh8j9
eigm98ue8g
zzer98zgu89r8uwigeß0wkvjoih878wqez78gzfr
8we9rgz87z8rezg89iß0ßogjfwehuzgwe6rc7r3vbgug98u8
97gz8z
4g983uerg9eiß0rüorlkgorhzwgcvo8erougiwüeokgmoiu
bziewghqheriuh grhiuhg8vhrehgujüi4erjhvh9qe8bi9 x
Khbugwqogfufnbfuzv32itzfvb2oinoöwm2ifb3zviqhl23rjöi
o2fmlöwkjfh3uzkj,knwärk2iofhzgvm,kjwmdpokjcu3gwifk
ujb,wf .l3fmonuigztdvtzjwkbn.d-koög,v
,hbehtruzfwqpgöpkamvjouehzgfviövb
cäkqojluhzgvbuöanir.ubovlhzugwivpebö
nvüionwiäpqjuioh8ozqfg8ubvrojqohzag8eoqbvnröqoq
ahuiguzrbifnonioahuigztftrctrqdwuzwefugqhoöhn
volrjvh9ta67oiqiwpoßdüpfeüclpoiwajuizgekugeifiuakzw
bnörilejuvhokanxuemföohgo8iawgeozfhuöofijwequf7w
gfztvhdbjnlkvpcorhfbehqwftrdwrdsthfuzkvnowpkeopvh
oifhufuzweb.kefjiofhir8riäimohxkhoih3uöojeikogüoweäk
görnuiegzgfgufvnrklkölüpwqdfweoüewpojtoiuhizuvguz
qvfaeinqahnyg<tzu
        yhijoqöijoirhuihzgqiuhwiuoegn
Fwkqhgzuqlionygzugqrhiowkfoemf ec
Weqvnwqugbfzwgqyi guzgq
uoxhifoqhgoihihriubvbrueqgurvihroöijbihiaefrqeg gre

Ghiuwqzgfiwhgqhweuiwhgwqg whqe8zighegoiz9payz
iqiz8gouer8gqz86tegf8ohufiwe09ugzrgh
rhoubobhg8zer8tiobj90ei98zrguzgkhbioirgo9itjghto8ish
wjüsbpjtu987thbstj0rit09u89ewxm7
7zreh87gh87eprujögoej8ghr78geqöojr09gti98ug87rh8j9
eigm98ue8g
zzer98zgu89r8uwigeß0wkvjoih878wqez78gzfr
8we9rgz87z8rezg89iß0ßogjfwehuzgwe6rc7r3vbgug98u8
97gz8z
4g983uerg9eiß0rüorlkgorhzwgcvo8erougiwüeokgmoiu
bziewghqheriuh grhiuhg8vhrehgujüi4erjhvh9qe8bi9 x
Khbugwqogfufnbfuzv32itzfvb2oinoöwm2ifb3zviqhl23rjöi
o2fmlöwkjfh3uzkj,knwärk2iofhzgvm,kjwmdpokjcu3gwifk
ujb,wf .l3fmonuigztdvtzjwkbn.d-koög,v
,hbehtruzfwqpgöpkamvjouehzgfviövb
cäkqojluhzgvbuöanir.ubovlhzugwivpebö
nvüionwiäpqjuioh8ozqfg8ubvrojqohzag8eoqbvnröqoq
ahuiguzrbifnonioahuigztftrctrqdwuzwefugqhoöhn
volrjvh9ta67oiqiwpoßdüpfeüclpoiwajuizgekugeifiuakzw
bnörilejuvhokanxuemföohgo8iawgeozfhuöofijwequf7w
gfztvhdbjnlkvpcorhfbehqwftrdwrdsthfuzkvnowpkeopvh
oifhufuzweb.kefjiofhir8riäimohxkhoih3uöojeikogüoweäk
görnuiegzgfgufvnrklkölüpwqdfweoüewpojtoiuhizuvguz
qvfaeinqahnyg<tzu
        yhijoqöijoirhuihzgqiuhwiuoegn
Fwkqhgzuqlionygzugqrhiowkfoemf ec
Weqvnwqugbfzwgqyi guzgq
uoxhifoqhgoihihriubvbrueqgurvihroöijbihiaefrqey gre
Ghiuwqzgfiwhgqhweuiwhgwqg whqe8zighegoiz9payz
iqiz8gouer8gqz86tegf8ohufiwe09ugzrgh
rhoubobhg8zer8tiobj90ei98zrguzgkhbioirgo9itjghto8ish
wjüsbpjtu987thbstj0rit09u89ewxm7
7zreh87gh87eprujögoej8ghr78geqöojr09gti98ug87rh8j9
eigm98ue8g
zzer98zgu89r8uwigeß0wkvjoih878wqez78gzfr
8we9rgz87z8rezg89iß0ßogjfwehuzgwe6rc7r3vbgug98u8
97gz8z

4g983uerg9eiß0rüorlkgorhzwgcvo8erougiwüeokgmoiu
bziewghqheriuh grhiuhg8vhrehgujüi4erjhvh9qe8bi9 x
Khbugwqogfufnbfuzv32itzfvb2oinoöwm2ifb3zviqhl23rjöi
o2fmlöwkjfh3uzkj,knwärk2iofhzgvm,kjwmdpokjcu3gwifk
ujb,wf .l3fmonuigztdvtzjwkbn.d-koög,v
,hbehtruzfwqpgöpkamvjouehzgfviövb
cäkqojluhzgvbuöanir.ubovlhzugwivpebö
nvüionwiäpqjuioh8ozqfg8ubvrojqohzag8eoqbvnröqoq
ahuiguzrbifnonioahuigztftrctrqdwuzwefugqhoöhn
volrjvh9ta67oiqiwpoßdüpfeüclpoiwajuizgekugeifiuakzw
bnörilejuvhokanxuemföohgo8iawgeozfhuöofijwequf7w
gfztvhdbjnlkvpcorhfbehqwftrdwrdsthfuzkvnowpkeopvh
oifhufuzweb.kefjiofhir8riäimohxkhoih3uöojeikogüoweäk
görnuiegzgfgufvnrklkölüpwqdfweoüewpojtoiuhizuvguz
qvfaeinqahnyg<tzu
          yhijoqöijoirhuihzgqiuhwiuoegn
Fwkqhgzuqlionygzugqrhiowkfoemf ec
Weqvnwqugbfzwgqyi guzgq
uoxhifoqhgoihihriubvbrueqgurvihroöijbihiaefrqeg gre
Ghiuwqzgfiwhgqhweuiwhgwqg whqe8zighegoiz9payz
iqiz8gouer8gqz86tegf8ohufiwe09ugzrgh
rhoubobhg8zer8tiobj90ei98zrguzgkhbioirgo9itjghto8ish
wjüsbpjtu987thbstj0rit09u89ewxm7
7zreh87gh87eprujögoej8ghr78geqöojr09gti98ug87rh8j9
eigm98ue8g
zzer98zgu89r8uwigeß0wkvjoih878wqez78gzfr
8we9rgz87z8rezg89iß0ßogjfwehuzgwe6rc7r3vbgug98u8
97gz8z
4g983uerg9eiß0rüorlkgorhzwgcvo8erougiwüeokgmoiu
bziewghqheriuh grhiuhg8vhrehgujüi4erjhvh9qe8bi9 x
Khbugwqogfufnbfuzv32itzfvb2oinoöwm2ifb3zviqhl23rjöi
o2fmlöwkjfh3uzkj,knwärk2iofhzgvm,kjwmdpokjcu3gwifk
ujb,wf .l3fmonuigztdvtzjwkbn.d-koög,v
,hbehtruzfwqpgöpkamvjouehzgfviövb
cäkqojluhzgvbuöanir.ubovlhzugwivpebö
nvüionwiäpqjuioh8ozqfg8ubvrojqohzag8eoqbvnröqoq
ahuiguzrbifnonioahuigztftrctrqdwuzwefugqhoöhn
volrjvh9ta67oiqiwpoßdüpfeüclpoiwajuizgekugeifiuakzw

bnörilejuvhokanxuemföohgo8iawgeozfhuöofijwequf7w
gfztvhdbjnlkvpcorhfbehqwftrdwrdsthfuzkvnowpkeopvh
oifhufuzweb.kefjiofhir8riäimohxkhoih3uöojeikogüoweäk
görnuiegzgfgufvnrklkölüpwqdfweoüewpojtoiuhizuvguz
qvfaeinqahnyg<tzu
        yhijoqöijoirhuihzgqiuhwiuoegn
Fwkqhgzuqlionygzugqrhiowkfoemf ec
Weqvnwqugbfzwgqyi guzgq
uoxhifoqhgoihihriubvbrueqgurvihroöijbihiaefrqeg gre
Ghiuwqzgfiwhgqhweuiwhgwqg whqe8zighegoiz9payz
iqiz8gouer8gqz86tegf8ohufiwe09ugzrgh
rhoubobhg8zer8tiobj90ei98zrguzgkhbioirgo9itjghto8ish
wjüsbpjtu987thbstj0rit09u89ewxm7
7zreh87gh87eprujögoej8ghr78geqöojr09gti98ug87rh8j9
eigm98ue8g
zzer98zgu89r8uwigeß0wkvjoih878wqez78gzfr
8we9rgz87z8rezg89iß0ßogjfwehuzgwe6rc7r3vbgug98u8
97gz8z
4g983uerg9eiß0rüorlkgorhzwgcvo8erougiwüeokgmoiu
bziewghqheriuh grhiuhg8vhrehgujüi4erjhvh9qe8bi9 x
Khbugwqogfufnbfuzv32itzfvb2oinoöwm2ifb3zviqhl23rjöi
o2fmlöwkjfh3uzkj,knwärk2iofhzgvm,kjwmdpokjcu3gwifk
ujb,wf .l3fmonuigztdvtzjwkbn.d-koög,v
,hbehtruzfwqpgöpkamvjouehzgfviövb
cäkqojluhzgvbuöanir.ubovlhzugwivpebö
nvüionwiäpqjuioh8ozqfg8ubvrojqohzag8eoqbvnröqoq
ahuiguzrbifnonioahuigztftrctrqdwuzwefugqhoöhn
volrjvh?ta67oiqiwpoßdüpfeüclpoiwujuizgekugelfluakzw
bnörilejuvhokanxuemföohgo8iawgeozfhuöofijwequf7w
gfztvhdbjnlkvpcorhfbehqwftrdwrdsthfuzkvnowpkeopvh
oifhufuzweb.kefjiofhir8riäimohxkhoih3uöojeikogüoweäk
görnuiegzgfgufvnrklkölüpwqdfweoüewpojtoiuhizuvguz
qvfaeinqahnyg<tzu
        yhijoqöijoirhuihzgqiuhwiuoegn
Fwkqhgzuqlionygzugqrhiowkfoemf ec
Weqvnwqugbfzwgqyi guzgq
uoxhifoqhgoihihriubvbrueqgurvihroöijbihiaefrqeg gre

Ghiuwqzgfiwhgqhweuiwhgwqg whqe8zighegoiz9payz
iqiz8gouer8gqz86tegf8ohufiwe09ugzrgh
rhoubobhg8zer8tiobj90ei98zrguzgkhbioirgo9itjghto8ish
wjüsbpjtu987thbstj0rit09u89ewxm7
7zreh87gh87eprujögoej8ghr78geqöojr09gti98ug87rh8j9
eigm98ue8g
zzer98zgu89r8uwigeß0wkvjoih878wqez78gzfr
8we9rgz87z8rezg89iß0ßogjfwehuzgwe6rc7r3vbgug98u8
97gz8z
4g983uerg9eiß0rüorlkgorhzwgcvo8erougiwüeokgmoiu
bziewghqheriuh grhiuhg8vhrehgujüi4erjhvh9qe8bi9 x
Khbugwqogfufnbfuzv32itzfvb2oinoöwm2ifb3zviqhl23rjöi
o2fmlöwkjfh3uzkj,knwärk2iofhzgvm,kjwmdpokjcu3gwifk
ujb,wf .l3fmonuigztdvtzjwkbn.d-koög,v
,hbehtruzfwqpgöpkamvjouehzgfviövb
cäkqojluhzgvbuöanir.ubovlhzugwivpebö
nvüionwiäpqjuioh8ozqfg8ubvrojqohzag8eoqbvnröqoq
ahuiguzrbifnonioahuigztftrctrqdwuzwefugqhoöhn
volrjvh9ta67oiqiwpoßdüpfeüclpoiwajuizgekugeifiuakzw
bnörilejuvhokanxuemföohgo8iawgeozfhuöofijwequf7w
gfztvhdbjnlkvpcorhfbehqwftrdwrdsthfuzkvnowpkeopvh
oifhufuzweb.kefjiofhir8riäimohxkhoih3uöojeikogüoweäk
görnuiegzgfgufvnrklkölüpwqdfweoüewpojtoiuhizuvguz
qvfaeinqahnyg<tzu
        yhijoqöijoirhuihzgqiuhwiuoegn
Fwkqhgzuqlionygzugqrhiowkfoemf ec
Weqvnwqugbfzwgqyi guzgq
uoxhifoqhgoihihriubvbrueqgurvihroöijbihiaefrqeg gre
Ghiuwqzgfiwhgqhweuiwhgwqg whqe8zighegoiz9payz
iqiz8gouer8gqz86tegf8ohufiwe09ugzrgh
rhoubobhg8zer8tiobj90ei98zrguzgkhbioirgo9itjghto8ish
wjüsbpjtu987thbstj0rit09u89ewxm7
7zreh87gh87eprujögoej8ghr78geqöojr09gti98ug87rh8j9
eigm98ue8g
zzer98zgu89r8uwigeß0wkvjoih878wqez78gzfr
8we9rgz87z8rezg89iß0ßogjfwehuzgwe6rc7r3vbgug98u8
97gz8z

4g983uerg9eiß0rüorlkgorhzwgcvo8erougiwüeokgmoiu
bziewghqheriuh grhiuhg8vhrehgujüi4erjhvh9qe8bi9 x
Khbugwqogfufnbfuzv32itzfvb2oinoöwm2ifb3zviqhl23rjöi
o2fmlöwkjfh3uzkj,knwärk2iofhzgvm,kjwmdpokjcu3gwifk
ujb,wf .l3fmonuigztdvtzjwkbn.d-koög,v
,hbehtruzfwqpgöpkamvjouehzgfviövb
cäkqojluhzgvbuöanir.ubovlhzugwivpebö
nvüionwiäpqjuioh8ozqfg8ubvrojqohzag8eoqbvnröqoq
ahuiguzrbifnonioahuigztftrctrqdwuzwefugqhoöhn
volrjvh9ta67oiqiwpoßdüpfeüclpoiwajuizgekugeifiuakzw
bnörilejuvhokanxuemföohgo8iawgeozfhuöofijwequf7w
gfztvhdbjnlkvpcorhfbehqwftrdwrdsthfuzkvnowpkeopvh
oifhufuzweb.kefjiofhir8riäimohxkhoih3uöojeikogüoweäk
görnuiegzgfgufvnrklkölüpwqdfweoüewpojtoiuhizuvguz
qvfaeinqahnyg<tzu
        yhijoqöijoirhuihzgqiuhwiuoegn
Fwkqhgzuqlionygzugqrhiowkfoemf ec
Weqvnwqugbfzwgqyi guzgq
uoxhifoqhgoihihriubvbrueqgurvihroöijbihiaefrqeg gre
Ghiuwqzgfiwhgqhweuiwhgwqg whqe8zighegoiz9payz
iqiz8gouer8gqz86tegf8ohufiwe09ugzrgh
rhoubobhg8zer8tiobj90ei98zrguzgkhbioirgo9itjghto8ish
wjüsbpjtu987thbstj0rit09u89ewxm7
7zreh87gh87eprujögoej8ghr78geqöojr09gti98ug87rh8j9
eigm98ue8g
zzer98zgu89r8uwigeß0wkvjoih878wqez78gzfr
8we9rgz87z8rezg89iß0ßogjfwehuzgwe6rc7r3vbgug98u8
97gz8z
4g983uerg9eiß0rüorlkgorhzwgcvo8erougiwüeokgmoiu
bziewghqheriuh grhiuhg8vhrehgujüi4erjhvh9qe8bi9 x
Khbugwqogfufnbfuzv32itzfvb2oinoöwm2ifb3zviqhl23rjöi
o2fmlöwkjfh3uzkj,knwärk2iofhzgvm,kjwmdpokjcu3gwifk
ujb,wf .l3fmonuigztdvtzjwkbn.d-koög,v
,hbehtruzfwqpgöpkamvjouehzgfviövb
cäkqojluhzgvbuöanir.ubovlhzugwivpebö
nvüionwiäpqjuioh8ozqfg8ubvrojqohzag8eoqbvnröqoq
ahuiguzrbifnonioahuigztftrctrqdwuzwefugqhoöhn
volrjvh9ta67oiqiwpoßdüpfeüclpoiwajuizgekugeifiuakzw

bnörilejuvhokanxuemföohgo8iawgeozfhuöofijwequf7w
gfztvhdbjnlkvpcorhfbehqwftrdwrdsthfuzkvnowpkeopvh
oifhufuzweb.kefjiofhir8riäimohxkhoih3uöojeikogüoweäk
görnuiegzgfgufvnrklkölüpwqdfweoüewpojtoiuhizuvguz
qvfaeinqahnyg<tzu
        yhijoqöijoirhuihzgqiuhwiuoegn
Fwkqhgzuqlionygzugqrhiowkfoemf ec
Weqvnwqugbfzwgqyi guzgq
uoxhifoqhgoihihriubvbrueqgurvihroöijbihiaefrqeg gre
Ghiuwqzgfiwhgqhweuiwhgwqg whqe8zighegoiz9payz
iqiz8gouer8gqz86tegf8ohufiwe09ugzrgh
rhoubobhg8zer8tiobj90ei98zrguzgkhbioirgo9itjghto8ish
wjüsbpjtu987thbstj0rit09u89ewxm7
7zreh87gh87eprujögoej8ghr78geqöojr09gti98ug87rh8j9
eigm98ue8g
zzer98zgu89r8uwigeß0wkvjoih878wqez78gzfr
8we9rgz87z8rezg89iß0ßogjfwehuzgwe6rc7r3vbgug98u8
97gz8z
4g983uerg9eiß0rüorlkgorhzwgcvo8erougiwüeokgmoiu
bziewghqheriuh grhiuhg8vhrehgujüi4erjhvh9qe8bi9 x
Khbugwqogfufnbfuzv32itzfvb2oinoöwm2ifb3zviqhl23rjöi
o2fmlöwkjfh3uzkj,knwärk2iofhzgvm,kjwmdpokjcu3gwifk
ujb,wf .l3fmonuigztdvtzjwkbn.d-koög,v
,hbehtruzfwqpgöpkamvjouehzgfviövb
cäkqojluhzgvbuöanir.ubovlhzugwivpebö
nvüionwiäpqjuioh8ozqfg8ubvrojqohzag8eoqbvnröqoq
ahuiguzrbifnonioahuigztftrctrqdwuzwefugqhoöhn
volrjvh9ta67oiqiwpoßdüpfeüclpoiwajuizgekugeifiuakzw
bnörilejuvhokanxuemföohgo8iawgeozfhuöofijwequf7w
gfztvhdbjnlkvpcorhfbehqwftrdwrdsthfuzkvnowpkeopvh
oifhufuzweb.kefjiofhir8riäimohxkhoih3uöojeikogüoweäk
görnuiegzgfgufvnrklkölüpwqdfweoüewpojtoiuhizuvguz
qvfaeinqahnyg<tzu
        yhijoqöijoirhuihzgqiuhwiuoegn
Fwkqhgzuqlionygzugqrhiowkfoemf ec
Weqvnwqugbfzwgqyi guzgq
uoxhifoqhgoihihriubvbrueqgurvihroöijbihiaefrqeg gre

Ghiuwqzgfiwhgqhweuiwhgwqg whqe8zighegoiz9payz
iqiz8gouer8gqz86tegf8ohufiwe09ugzrgh
rhoubobhg8zer8tiobj90ei98zrguzgkhbioirgo9itjghto8ish
wjüsbpjtu987thbstj0rit09u89ewxm7
7zreh87gh87eprujögoej8ghr78geqöojr09gti98ug87rh8j9
eigm98ue8g
zzer98zgu89r8uwigeß0wkvjoih878wqez78gzfr
8we9rgz87z8rezg89iß0ßogjfwehuzgwe6rc7r3vbgug98u8
97gz8z
4g983uerg9eiß0rüorlkgorhzwgcvo8erougiwüeokgmoiu
bziewghqheriuh grhiuhg8vhrehgujüi4erjhvh9qe8bi9 x
Khbugwqogfufnbfuzv32itzfvb2oinoöwm2ifb3zviqhl23rjöi
o2fmlöwkjfh3uzkj,knwärk2iofhzgvm,kjwmdpokjcu3gwifk
ujb,wf .l3fmonuigztdvtzjwkbn.d-koög,v
,hbehtruzfwqpgöpkamvjouehzgfviövb
cäkqojluhzgvbuöanir.ubovlhzugwivpebö
nvüionwiäpqjuioh8ozqfg8ubvrojqohzag8eoqbvnröqoq
ahuiguzrbifnonioahuigztftrctrqdwuzwefugqhoöhn
volrjvh9ta67oiqiwpoßdüpfeüclpoiwajuizgekugeifiuakzw
bnörilejuvhokanxuemföohgo8iawgeozfhuöofijwequf7w
gfztvhdbjnlkvpcorhfbehqwftrdwrdsthfuzkvnowpkeopvh
oifhufuzweb.kefjiofhir8riäimohxkhoih3uöojeikogüoweäk
görnuiegzgfgufvnrklkölüpwqdfweoüewpojtoiuhizuvguz
qvfaeinqahnyg<tzu
        yhijoqöijoirhuihzgqiuhwiuoegn
Fwkqhgzuqlionygzugqrhiowkfoemf ec
Weqvnwqugbfzwgqyi guzgq
uoxhlfoqhgoihit inubvbrueqgurvlhroöljblhiacfrqoy gru
Ghiuwqzgfiwhgqhweuiwhgwqg whqe8zighegoiz9payz
iqiz8gouer8gqz86tegf8ohufiwe09ugzrgh
rhoubobhg8zer8tiobj90ei98zrguzgkhbioirgo9itjghto8ish
wjüsbpjtu987thbstj0rit09u89ewxm7
7zreh87gh87eprujögoej8ghr78geqöojr09gti98ug87rh8j9
eigm98ue8g
zzer98zgu89r8uwigeß0wkvjoih878wqez78gzfr
8we9rgz87z8rezg89iß0ßogjfwehuzgwe6rc7r3vbgug98u8
97gz8z

4g983uerg9eiß0rüorlkgorhzwgcvo8erougiwüeokgmoiu
bziewghqheriuh grhiuhg8vhrehgujüi4erjhvh9qe8bi9 x
Khbugwqogfufnbfuzv32itzfvb2oinoöwm2ifb3zviqhl23rjöi
o2fmlöwkjfh3uzkj,knwärk2iofhzgvm,kjwmdpokjcu3gwifk
ujb,wf .l3fmonuigztdvtzjwkbn.d-koög,v
,hbehtruzfwqpgöpkamvjouehzgfviövb
cäkqojluhzgvbuöanir.ubovlhzugwivpebö
nvüionwiäpqjuioh8ozqfg8ubvrojqohzag8eoqbvnröqoq
ahuiguzrbifnonioahuigztftrctrqdwuzwefugqhoöhn
volrjvh9ta67oiqiwpoßdüpfeüclpoiwajuizgekugeifiuakzw
bnörilejuvhokanxuemföohgo8iawgeozfhuöofijwequf7w
gfztvhdbjnlkvpcorhfbehqwftrdwrdsthfuzkvnowpkeopvh
oifhufuzweb.kefjiofhir8riäimohxkhoih3uöojeikogüoweäk
görnuiegzgfgufvnrklkölüpwqdfweoüewpojtoiuhizuvguz
qvfaeinqahnyg<tzu
        yhijoqöijoirhuihzgqiuhwiuoegn
Fwkqhgzuqlionygzugqrhiowkfoemf ec
Weqvnwqugbfzwgqyi guzgq
uoxhifoqhgoihihriubvbrueqgurvihroöijbihiaefrqeg gre
Ghiuwqzgfiwhgqhweuiwhgwqg whqe8zighegoiz9payz
iqiz8gouer8gqz86tegf8ohufiwe09ugzrgh
rhoubobhg8zer8tiobj90ei98zrguzgkhbioirgo9itjghto8ish
wjüsbpjtu987thbstj0rit09u89ewxm7
7zreh87gh87eprujögoej8ghr78geqöojr09gti98ug87rh8j9
eigm98ue8g
zzer98zgu89r8uwigeß0wkvjoih878wqez78gzfr
8we9rgz87z8rezg89iß0ßogjfwehuzgwe6rc7r3vbgug98u8
97gz8z
4g983uerg9eiß0rüorlkgorhzwgcvo8erougiwüeokgmoiu
bziewghqheriuh grhiuhg8vhrehgujüi4erjhvh9qe8bi9 x
Khbugwqogfufnbfuzv32itzfvb2oinoöwm2ifb3zviqhl23rjöi
o2fmlöwkjfh3uzkj,knwärk2iofhzgvm,kjwmdpokjcu3gwifk
ujb,wf .l3fmonuigztdvtzjwkbn.d-koög,v
,hbehtruzfwqpgöpkamvjouehzgfviövb
cäkqojluhzgvbuöanir.ubovlhzugwivpebö
nvüionwiäpqjuioh8ozqfg8ubvrojqohzag8eoqbvnröqoq
ahuiguzrbifnonioahuigztftrctrqdwuzwefugqhoöhn
volrjvh9ta67oiqiwpoßdüpfeüclpoiwajuizgekugeifiuakzw

bnörilejuvhokanxuemföohgo8iawgeozfhuöofijwequf7w
gfztvhdbjnlkvpcorhfbehqwftrdwrdsthfuzkvnowpkeopvh
oifhufuzweb.kefjiofhir8riäimohxkhoih3uöojeikogüoweäk
görnuiegzgfgufvnrklkölüpwqdfweoüewpojtoiuhizuvguz
qvfaeinqahnyg<tzu
        yhijoqöijoirhuihzgqiuhwiuoegn
Fwkqhgzuqlionygzugqrhiowkfoemf ec
Weqvnwqugbfzwgqyi guzgq
uoxhifoqhgoihihriubvbrueqgurvihroöijbihiaefrqeg gre
Ghiuwqzgfiwhgqhweuiwhgwqg whqe8zighegoiz9payz
iqiz8gouer8gqz86tegf8ohufiwe09ugzrgh
rhoubobhg8zer8tiobj90ei98zrguzgkhbioirgo9itjghto8ish
wjüsbpjtu987thbstj0rit09u89ewxm7
7zreh87gh87eprujögoej8ghr78geqöojr09gti98ug87rh8j9
eigm98ue8g
zzer98zgu89r8uwigeß0wkvjoih878wqez78gzfr
8we9rgz87z8rezg89iß0ßogjfwehuzgwe6rc7r3vbgug98u8
97gz8z
4g983uerg9eiß0rüorlkgorhzwgcvo8erougiwüeokgmoiu
bziewghqheriuh grhiuhg8vhrehgujüi4erjhvh9qe8bi9 x
Khbugwqogfufnbfuzv32itzfvb2oinoöwm2ifb3zviqhl23rjöi
o2fmlöwkjfh3uzkj,knwärk2iofhzgvm,kjwmdpokjcu3gwifk
ujb,wf .l3fmonuigztdvtzjwkbn.d-koög,v
,hbehtruzfwqpgöpkamvjouehzgfviövb
cäkqojluhzgvbuöanir.ubovlhzugwivpebö
nvüionwiäpqjuioh8ozqfg8ubvrojqohzag8eoqbvnröqoq
ahuiguzrbifnonioahuigztftrctrqdwuzwefugqhoöhn
volrjvh9ta67oiqiwpoßdüpfeüclpoiwajulzgekugeifiuakzw
bnörilejuvhokanxuemföohgo8iawgeozfhuöofijwequf7w
gfztvhdbjnlkvpcorhfbehqwftrdwrdsthfuzkvnowpkeopvh
oifhufuzweb.kefjiofhir8riäimohxkhoih3uöojeikogüoweäk
görnuiegzgfgufvnrklkölüpwqdfweoüewpojtoiuhizuvguz
qvfaeinqahnyg<tzu
        yhijoqöijoirhuihzgqiuhwiuoegn
Fwkqhgzuqlionygzugqrhiowkfoemf ec
Weqvnwqugbfzwgqyi guzgq
uoxhifoqhgoihihriubvbrueqgurvihroöijbihiaefrqeg gre

Ghiuwqzgfiwhgqhweuiwhgwqg whqe8zighegoiz9payz
iqiz8gouer8gqz86tegf8ohufiwe09ugzrgh
rhoubobhg8zer8tiobj90ei98zrguzgkhbioirgo9itjghto8ish
wjüsbpjtu987thbstj0rit09u89ewxm7
7zreh87gh87eprujögoej8ghr78geqöojr09gti98ug87rh8j9
eigm98ue8g
zzer98zgu89r8uwigeß0wkvjoih878wqez78gzfr
8we9rgz87z8rezg89iß0ßogjfwehuzgwe6rc7r3vbgug98u8
97gz8z
4g983uerg9eiß0rüorlkgorhzwgcvo8erougiwüeokgmoiu
bziewghqheriuh grhiuhg8vhrehgujüi4erjhvh9qe8bi9 x
Khbugwqogfufnbfuzv32itzfvb2oinoöwm2ifb3zviqhl23rjöi
o2fmlöwkjfh3uzkj,knwärk2iofhzgvm,kjwmdpokjcu3gwifk
ujb,wf .l3fmonuigztdvtzjwkbn.d-koög,v
,hbehtruzfwqpgöpkamvjouehzgfviövb
cäkqojluhzgvbuöanir.ubovlhzugwivpebö
nvüionwiäpqjuioh8ozqfg8ubvrojqohzag8eoqbvnröqoq
ahuiguzrbifnonioahuigztftrctrqdwuzwefugqhoöhn
volrjvh9ta67oiqiwpoßdüpfeüclpoiwajuizgekugeifiuakzw
bnörilejuvhokanxuemföohgo8iawgeozfhuöofijwequf7w
gfztvhdbjnlkvpcorhfbehqwftrdwrdsthfuzkvnowpkeopvh
oifhufuzweb.kefjiofhir8riäimohxkhoih3uöojeikogüoweäk
görnuiegzgfgufvnrklkölüpwqdfweoüewpojtoiuhizuvguz
qvfaeinqahnyg<tzu
         yhijoqöijoirhuihzgqiuhwiuoegn
Fwkqhgzuqlionygzugqrhiowkfoemf ec
Weqvnwqugbfzwgqyi guzgq
uoxhifoqhgoihihriubvbrueqgurvihroöijbihiaefrqeg gre
Ghiuwqzgfiwhgqhweuiwhgwqg whqe8zighegoiz9payz
iqiz8gouer8gqz86tegf8ohufiwe09ugzrgh
rhoubobhg8zer8tiobj90ei98zrguzgkhbioirgo9itjghto8ish
wjüsbpjtu987thbstj0rit09u89ewxm7
7zreh87gh87eprujögoej8ghr78geqöojr09gti98ug87rh8j9
eigm98ue8g
zzer98zgu89r8uwigeß0wkvjoih878wqez78gzfr
8we9rgz87z8rezg89iß0ßogjfwehuzgwe6rc7r3vbgug98u8
97gz8z

4g983uerg9eiß0rüorlkgorhzwgcvo8erougiwüeokgmoiu
bziewghqheriuh grhiuhg8vhrehgujüi4erjhvh9qe8bi9 x
Khbugwqogfufnbfuzv32itzfvb2oinoöwm2ifb3zviqhl23rjöi
o2fmlöwkjfh3uzkj,knwärk2iofhzgvm,kjwmdpokjcu3gwifk
ujb,wf .l3fmonuigztdvtzjwkbn.d-koög,v
,hbehtruzfwqpgöpkamvjouehzgfviövb
cäkqojluhzgvbuöanir.ubovlhzugwivpebö
nvüionwiäpqjuioh8ozqfg8ubvrojqohzag8eoqbvnröqoq
ahuiguzrbifnonioahuigztftrctrqdwuzwefugqhoöhn
volrjvh9ta67oiqiwpoßdüpfeüclpoiwajuizgekugeifiuakzw
bnörilejuvhokanxuemföohgo8iawgeozfhuöofijwequf7w
gfztvhdbjnlkvpcorhfbehqwftrdwrdsthfuzkvnowpkeopvh
oifhufuzweb.kefjiofhir8riäimohxkhoih3uöojeikogüoweäk
görnuiegzgfgufvnrklkölüpwqdfweoüewpojtoiuhizuvguz
qvfaeinqahnyg<tzu
        yhijoqöijoirhuihzgqiuhwiuoegn
Fwkqhgzuqlionygzugqrhiowkfoemf ec
Weqvnwqugbfzwgqyi guzgq
uoxhifoqhgoihihriubvbrueqgurvihroöijbihiaefrqeg gre
Ghiuwqzgfiwhgqhweuiwhgwqg whqe8zighegoiz9payz
iqiz8gouer8gqz86tegf8ohufiwe09ugzrgh
rhoubobhg8zer8tiobj90ei98zrguzgkhbioirgo9itjghto8ish
wjüsbpjtu987thbstj0rit09u89ewxm7
7zreh87gh87eprujögoej8ghr78geqöojr09gti98ug87rh8j9
eigm98ue8g
zzer98zgu89r8uwigeß0wkvjoih878wqez78gzfr
8we9rq787z8rezg89iß0ßogjfwehuzgwe6rc7r3vbgug98u8
97gz8z
4g983uerg9eiß0rüorlkgorhzwgcvo8erougiwüeokgmoiu
bziewghqheriuh grhiuhg8vhrehgujüi4erjhvh9qe8bi9 x
Khbugwqogfufnbfuzv32itzfvb2oinoöwm2ifb3zviqhl23rjöi
o2fmlöwkjfh3uzkj,knwärk2iofhzgvm,kjwmdpokjcu3gwifk
ujb,wf .l3fmonuigztdvtzjwkbn.d-koög,v
,hbehtruzfwqpgöpkamvjouehzgfviövb
cäkqojluhzgvbuöanir.ubovlhzugwivpebö
nvüionwiäpqjuioh8ozqfg8ubvrojqohzag8eoqbvnröqoq
ahuiguzrbifnonioahuigztftrctrqdwuzwefugqhoöhn
volrjvh9ta67oiqiwpoßdüpfeüclpoiwajuizgekugeifiuakzw

bnörilejuvhokanxuemföohgo8iawgeozfhuöofijwequf7w
gfztvhdbjnlkvpcorhfbehqwftrdwrdsthfuzkvnowpkeopvh
oifhufuzweb.kefjiofhir8riäimohxkhoih3uöojeikogüoweäk
görnuiegzgfgufvnrklkölüpwqdfweoüewpojtoiuhizuvguz
qvfaeinqahnyg<tzu
        yhijoqöijoirhuihzgqiuhwiuoegn
Fwkqhgzuqlionygzugqrhiowkfoemf ec
Weqvnwqugbfzwgqyi guzgq
uoxhifoqhgoihihriubvbrueqgurvihroöijbihiaefrqeg gre
Ghiuwqzgfiwhgqhweuiwhgwqg whqe8zighegoiz9payz
iqiz8gouer8gqz86tegf8ohufiwe09ugzrgh
rhoubobhg8zer8tiobj90ei98zrguzgkhbioirgo9itjghto8ish
wjüsbpjtu987thbstj0rit09u89ewxm7
7zreh87gh87eprujögoej8ghr78geqöojr09gti98ug87rh8j9
eigm98ue8g
zzer98zgu89r8uwigeß0wkvjoih878wqez78gzfr
8we9rgz87z8rezg89iß0ßogjfwehuzgwe6rc7r3vbgug98u8
97gz8z
4g983uerg9eiß0rüorlkgorhzwgcvo8erougiwüeokgmoiu
bziewghqheriuh grhiuhg8vhrehgujüi4erjhvh9qe8bi9 x
Khbugwqogfufnbfuzv32itzfvb2oinoöwm2ifb3zviqhl23rjöi
o2fmlöwkjfh3uzkj,knwärk2iofhzgvm,kjwmdpokjcu3gwifk
ujb,wf .l3fmonuigztdvtzjwkbn.d-koög,v
,hbehtruzfwqpgöpkamvjouehzgfviövb
cäkqojluhzgvbuöanir.ubovlhzugwivpebö
nvüionwiäpqjuioh8ozqfg8ubvrojqohzag8eoqbvnröqoq
ahuiguzrbifnonioahuigztftrctrqdwuzwefugqhoöhn
volrjvh9ta67oiqiwpoßdüpfeüclpoiwajuizgekugeifiuakzw
bnörilejuvhokanxuemföohgo8iawgeozfhuöofijwequf7w
gfztvhdbjnlkvpcorhfbehqwftrdwrdsthfuzkvnowpkeopvh
oifhufuzweb.kefjiofhir8riäimohxkhoih3uöojeikogüoweäk
görnuiegzgfgufvnrklkölüpwqdfweoüewpojtoiuhizuvguz
qvfaeinqahnyg<tzu
        yhijoqöijoirhuihzgqiuhwiuoegn
Fwkqhgzuqlionygzugqrhiowkfoemf ec
Weqvnwqugbfzwgqyi guzgq
uoxhifoqhgoihihriubvbrueqgurvihroöijbihiaefrqeg gre

Ghiuwqzgfiwhgqhweuiwhgwqg whqe8zighegoiz9payz
iqiz8gouer8gqz86tegf8ohufiwe09ugzrgh
rhoubobhg8zer8tiobj90ei98zrguzgkhbioirgo9itjghto8ish
wjüsbpjtu987thbstj0rit09u89ewxm7
7zreh87gh87eprujögoej8ghr78geqöojr09gti98ug87rh8j9
eigm98ue8g
zzer98zgu89r8uwigeß0wkvjoih878wqez78gzfr
8we9rgz87z8rezg89iß0ßogjfwehuzgwe6rc7r3vbgug98u8
97gz8z
4g983uerg9eiß0rüorlkgorhzwgcvo8erougiwüeokgmoiu
bziewghqheriuh grhiuhg8vhrehgujüi4erjhvh9qe8bi9 x
Khbugwqogfufnbfuzv32itzfvb2oinoöwm2ifb3zviqhl23rjöi
o2fmlöwkjfh3uzkj,knwärk2iofhzgvm,kjwmdpokjcu3gwifk
ujb,wf .l3fmonuigztdvtzjwkbn.d-koög,v
,hbehtruzfwqpgöpkamvjouehzgfviövb
cäkqojluhzgvbuöanir.ubovlhzugwivpebö
nvüionwiäpqjuioh8ozqfg8ubvrojqohzag8eoqbvnröqoq
ahuiguzrbifnonioahuigztftrctrqdwuzwefugqhoöhn
volrjvh9ta67oiqiwpoßdüpfeüclpoiwajuizgekugeifiuakzw
bnörilejuvhokanxuemföohgo8iawgeozfhuöofijwequf7w
gfztvhdbjnlkvpcorhfbehqwftrdwrdsthfuzkvnowpkeopvh
oifhufuzweb.kefjiofhir8riäimohxkhoih3uöojeikogüoweäk
görnuiegzgfgufvnrklkölüpwqdfweoüewpojtoiuhizuvguz
qvfaeinqahnyg<tzu
            yhijoqöijoirhuihzgqiuhwiuoegn
Fwkqhgzuqlionygzugqrhiowkfoemf ec
Weqvnwqugbfzwgqyi guzgq
uoxhifoqhgoihihriubvbrueqgurvihroöijbihiaefrqey gre
Ghiuwqzgfiwhgqhweuiwhgwqg whqe8zighegoiz9payz
iqiz8gouer8gqz86tegf8ohufiwe09ugzrgh
rhoubobhg8zer8tiobj90ei98zrguzgkhbioirgo9itjghto8ish
wjüsbpjtu987thbstj0rit09u89ewxm7
7zreh87gh87eprujögoej8ghr78geqöojr09gti98ug87rh8j9
eigm98ue8g
zzer98zgu89r8uwigeß0wkvjoih878wqez78gzfr
8we9rgz87z8rezg89iß0ßogjfwehuzgwe6rc7r3vbgug98u8
97gz8z

4g983uerg9eiß0rüorlkgorhzwgcvo8erougiwüeokgmoiu
bziewghqheriuh grhiuhg8vhrehgujüi4erjhvh9qe8bi9 x
Khbugwqogfufnbfuzv32itzfvb2oinoöwm2ifb3zviqhl23rjöi
o2fmlöwkjfh3uzkj,knwärk2iofhzgvm,kjwmdpokjcu3gwifk
ujb,wf .l3fmonuigztdvtzjwkbn.d-koög,v
,hbehtruzfwqpgöpkamvjouehzgfviövb
cäkqojluhzgvbuöanir.ubovlhzugwivpebö
nvüionwiäpqjuioh8ozqfg8ubvrojqohzag8eoqbvnröqoq
ahuiguzrbifnonioahuigztftrctrqdwuzwefugqhoöhn
volrjvh9ta67oiqiwpoßdüpfeüclpoiwajuizgekugeifiuakzw
bnörilejuvhokanxuemföohgo8iawgeozfhuöofijwequf7w
gfztvhdbjnlkvpcorhfbehqwftrdwrdsthfuzkvnowpkeopvh
oifhufuzweb.kefjiofhir8riäimohxkhoih3uöojeikogüoweäk
görnuiegzgfgufvnrklkölüpwqdfweoüewpojtoiuhizuvguz
qvfaeinqahnyg<tzu
        yhijoqöijoirhuihzgqiuhwiuoegn
Fwkqhgzuqlionygzugqrhiowkfoemf ec
Weqvnwqugbfzwgqyi guzgq
uoxhifoqhgoihihriubvbrueqgurvihroöijbihiaefrqeg gre
Ghiuwqzgfiwhgqhweuiwhgwqg whqe8zighegoiz9payz
iqiz8gouer8gqz86tegf8ohufiwe09ugzrgh
rhoubobhg8zer8tiobj90ei98zrguzgkhbioirgo9itjghto8ish
wjüsbpjtu987thbstj0rit09u89ewxm7
7zreh87gh87eprujögoej8ghr78geqöojr09gti98ug87rh8j9
eigm98ue8g
zzer98zgu89r8uwigeß0wkvjoih878wqez78gzfr
8we9rgz87z8rezg89iß0ßogjfwehuzgwe6rc7r3vbgug98u8
97gz8z
4g983uerg9eiß0rüorlkgorhzwgcvo8erougiwüeokgmoiu
bziewghqheriuh grhiuhg8vhrehgujüi4erjhvh9qe8bi9 x
Khbugwqogfufnbfuzv32itzfvb2oinoöwm2ifb3zviqhl23rjöi
o2fmlöwkjfh3uzkj,knwärk2iofhzgvm,kjwmdpokjcu3gwifk
ujb,wf .l3fmonuigztdvtzjwkbn.d-koög,v
,hbehtruzfwqpgöpkamvjouehzgfviövb
cäkqojluhzgvbuöanir.ubovlhzugwivpebö
nvüionwiäpqjuioh8ozqfg8ubvrojqohzag8eoqbvnröqoq
ahuiguzrbifnonioahuigztftrctrqdwuzwefugqhoöhn
volrjvh9ta67oiqiwpoßdüpfeüclpoiwajuizgekugeifiuakzw

bnörilejuvhokanxuemföohgo8iawgeozfhuöofijwequf7w
gfztvhdbjnlkvpcorhfbehqwftrdwrdsthfuzkvnowpkeopvh
oifhufuzweb.kefjiofhir8riäimohxkhoih3uöojeikogüoweäk
görnuiegzgfgufvnrklkölüpwqdfweoüewpojtoiuhizuvguz
qvfaeinqahnyg<tzu
        yhijoqöijoirhuihzgqiuhwiuoegn
Fwkqhgzuqlionygzugqrhiowkfoemf ec
Weqvnwqugbfzwgqyi guzgq
uoxhifoqhgoihihriubvbrueqgurvihroöijbihiaefrqeg gre
Ghiuwqzgfiwhgqhweuiwhgwqg whqe8zighegoiz9payz
iqiz8gouer8gqz86tegf8ohufiwe09ugzrgh
rhoubobhg8zer8tiobj90ei98zrguzgkhbioirgo9itjghto8ish
wjüsbpjtu987thbstj0rit09u89ewxm7
7zreh87gh87eprujögoej8ghr78geqöojr09gti98ug87rh8j9
eigm98ue8g
zzer98zgu89r8uwigeß0wkvjoih878wqez78gzfr
8we9rgz87z8rezg89iß0ßogjfwehuzgwe6rc7r3vbgug98u8
97gz8z
4g983uerg9eiß0rüorlkgorhzwgcvo8erougiwüeokgmoiu
bziewghqheriuh grhiuhg8vhrehgujüi4erjhvh9qe8bi9 x
Khbugwqogfufnbfuzv32itzfvb2oinoöwm2ifb3zviqhl23rjöi
o2fmlöwkjfh3uzkj,knwärk2iofhzgvm,kjwmdpokjcu3gwifk
ujb,wf .l3fmonuigztdvtzjwkbn.d-koög,v
,hbehtruzfwqpgöpkamvjouehzgfviövb
cäkqojluhzgvbuöanir.ubovlhzugwivpebö
nvüionwiäpqjuioh8ozqfg8ubvrojqohzag8eoqbvnröqoq
ahuigurzbifnqnioqhuigztftrctrqdwuzwefugqhoöhn
volrjvh9ta67oiqiwpoßdüpfeüclpolwujuizgekuyoifiuakzw
bnörilejuvhokanxuemföohgo8iawgeozfhuöofijwequf7w
gfztvhdbjnlkvpcorhfbehqwftrdwrdsthfuzkvnowpkeopvh
oifhufuzweb.kefjiofhir8riäimohxkhoih3uöojeikogüoweäk
görnuiegzgfgufvnrklkölüpwqdfweoüewpojtoiuhizuvguz
qvfaeinqahnyg<tzu
        yhijoqöijoirhuihzgqiuhwiuoegn
Fwkqhgzuqlionygzugqrhiowkfoemf ec
Weqvnwqugbfzwgqyi guzgq
uoxhifoqhgoihihriubvbrueqgurvihroöijbihiaefrqeg gre

Ghiuwqzgfiwhgqhweuiwhgwqg whqe8zighegoiz9payz
iqiz8gouer8gqz86tegf8ohufiwe09ugzrgh
rhoubobhg8zer8tiobj90ei98zrguzgkhbioirgo9itjghto8ish
wjüsbpjtu987thbstj0rit09u89ewxm7
7zreh87gh87eprujögoej8ghr78geqöojr09gti98ug87rh8j9
eigm98ue8g
zzer98zgu89r8uwigeß0wkvjoih878wqez78gzfr
8we9rgz87z8rezg89iß0ßogjfwehuzgwe6rc7r3vbgug98u8
97gz8z
4g983uerg9eiß0rüorlkgorhzwgcvo8erougiwüeokgmoiu
bziewghqheriuh grhiuhg8vhrehgujüi4erjhvh9qe8bi9 x
Khbugwqogfufnbfuzv32itzfvb2oinoöwm2ifb3zviqhl23rjöi
o2fmlöwkjfh3uzkj,knwärk2iofhzgvm,kjwmdpokjcu3gwifk
ujb,wf .l3fmonuigztdvtzjwkbn.d-koög,v
,hbehtruzfwqpgöpkamvjouehzgfviövb
cäkqojluhzgvbuöanir.ubovlhzugwivpebö
nvüionwiäpqjuioh8ozqfg8ubvrojqohzag8eoqbvnröqoq
ahuiguzrbifnonioahuigztftrctrqdwuzwefugqhoöhn
volrjvh9ta67oiqiwpoßdüpfeüclpoiwajuizgekugeifiuakzw
bnörilejuvhokanxuemföohgo8iawgeozfhuöofijwequf7w
gfztvhdbjnlkvpcorhfbehqwftrdwrdsthfuzkvnowpkeopvh
oifhufuzweb.kefjiofhir8riäimohxkhoih3uöojeikogüoweäk
görnuiegzgfgufvnrklkölüpwqdfweoüewpojtoiuhizuvguz
qvfaeinqahnyg<tzu
        yhijoqöijoirhuihzgqiuhwiuoegn
Fwkqhgzuqlionygzugqrhiowkfoemf ec
Weqvnwqugbfzwgqyi guzgq
uoxhifoqhgoihihriubvbrueqgurvihroöijbihiaefrqeg gre
Ghiuwqzgfiwhgqhweuiwhgwqg whqe8zighegoiz9payz
iqiz8gouer8gqz86tegf8ohufiwe09ugzrgh
rhoubobhg8zer8tiobj90ei98zrguzgkhbioirgo9itjghto8ish
wjüsbpjtu987thbstj0rit09u89ewxm7
7zreh87gh87eprujögoej8ghr78geqöojr09gti98ug87rh8j9
eigm98ue8g
zzer98zgu89r8uwigeß0wkvjoih878wqez78gzfr
8we9rgz87z8rezg89iß0ßogjfwehuzgwe6rc7r3vbgug98u8
97gz8z

4g983uerg9eiß0rüorlkgorhzwgcvo8erougiwüeokgmoiu bziewghqheriuh grhiuhg8vhrehgujüi4erjhvh9qe8bi9 x Khbugwqogfufnbfuzv32itzfvb2oinoöwm2ifb3zviqhl23rjöi o2fmlöwkjfh3uzkj,knwärk2iofhzgvm,kjwmdpokjcu3gwifk ujb,wf .l3fmonuigztdvtzjwkbn.d-koög,v ,hbehtruzfwqpgöpkamvjouehzgfviövb cäkqojluhzgvbuöanir.ubovlhzugwivpebö nvüionwiäpqjuioh8ozqfg8ubvrojqohzag8eoqbvnröqoq ahuiguzrbifnonioahuigztftrctrqdwuzwefugqhoöhn volrjvh9ta67oiqiwpoßdüpfeüclpoiwajuizgekugeifiuakzw bnörilejuvhokanxuemföohgo8iawgeozfhuöofijwequf7w gfztvhdbjnlkvpcorhfbehqwftrdwrdsthfuzkvnowpkeopvh oifhufuzweb.kefjiofhir8riäimohxkhoih3uöojeikogüoweäk görnuiegzgfgufvnrklkölüpwqdfweoüewpojtoiuhizuvguz qvfaeinqahnyg<tzu
        yhijoqöijoirhuihzgqiuhwiuoegn Fwkqhgzuqlionygzuggqrhiowkfoemf ec Weqvnwqugbfzwgqyi guzgq uoxhifoqhgoihihriubvbrueqgurvihroöijbihiaefrqeg gre Ghiuwqzgfiwhgqhweuiwhgwqg whqe8zighegoiz9payz iqiz8gouer8gqz86tegf8ohufiwe09ugzrgh rhoubobhg8zer8tiobj90ei98zrguzgkhbioirgo9itjghto8ish wjüsbpjtu987thbstj0rit09u89ewxm7 7zreh87gh87eprujögoej8ghr78geqöojr09gti98ug87rh8j9 eigm98ue8g zzer98zgu89r8uwigeß0wkvjoih878wqez78gzfr 8we?rgz87z8rezg89iß0ßogjfwehuzgwe6rc7r3vbgug98u8 97gz8z
4g983uerg9eiß0rüorlkgorhzwgcvo8erougiwüeokgmoiu bziewghqheriuh grhiuhg8vhrehgujüi4erjhvh9qe8bi9 x Khbugwqogfufnbfuzv32itzfvb2oinoöwm2ifb3zviqhl23rjöi o2fmlöwkjfh3uzkj,knwärk2iofhzgvm,kjwmdpokjcu3gwifk ujb,wf .l3fmonuigztdvtzjwkbn.d-koög,v ,hbehtruzfwqpgöpkamvjouehzgfviövb cäkqojluhzgvbuöanir.ubovlhzugwivpebö nvüionwiäpqjuioh8ozqfg8ubvrojqohzag8eoqbvnröqoq ahuiguzrbifnonioahuigztftrctrqdwuzwefugqhoöhn volrjvh9ta67oiqiwpoßdüpfeüclpoiwajuizgekugeifiuakzw

bnörilejuvhokanxuemföohgo8iawgeozfhuöofijwequf7w
gfztvhdbjnlkvpcorhfbehqwftrdwrdsthfuzkvnowpkeopvh
oifhufuzweb.kefjiofhir8riäimohxkhoih3uöojeikogüoweäk
görnuiegzgfgufvnrklkölüpwqdfweoüewpojtoiuhizuvguz
qvfaeinqahnyg<tzu
        yhijoqöijoirhuihzgqiuhwiuoegn
Fwkqhgzuqlionygzugqrhiowkfoemf ec
Weqvnwqugbfzwgqyi guzgq
uoxhifoqhgoihihriubvbrueqgurvihroöijbihiaefrqeg gre
Ghiuwqzgfiwhgqhweuiwhgwqg whqe8zighegoiz9payz
iqiz8gouer8gqz86tegf8ohufiwe09ugzrgh
rhoubobhg8zer8tiobj90ei98zrguzgkhbioirgo9itjghto8ish
wjüsbpjtu987thbstj0rit09u89ewxm7
7zreh87gh87eprujögoej8ghr78geqöojr09gti98ug87rh8j9
eigm98ue8g
zzer98zgu89r8uwigeß0wkvjoih878wqez78gzfr
8we9rgz87z8rezg89iß0ßogjfwehuzgwe6rc7r3vbgug98u8
97gz8z
4g983uerg9eiß0rüorlkgorhzwgcvo8erougiwüeokgmoiu
bziewghqheriuh grhiuhg8vhrehgujüi4erjhvh9qe8bi9 x
Khbugwqogfufnbfuzv32itzfvb2oinoöwm2ifb3zviqhl23rjöi
o2fmlöwkjfh3uzkj,knwärk2iofhzgvm,kjwmdpokjcu3gwifk
ujb,wf .l3fmonuigztdvtzjwkbn.d-koög,v
,hbehtruzfwqpgöpkamvjouehzgfviövb
cäkqojluhzgvbuöanir.ubovlhzugwivpebö
nvüionwiäpqjuioh8ozqfg8ubvrojqohzag8eoqbvnröqoq
ahuiguzrbifnonioahuigztftrctrqdwuzwefugqhoöhn
volrjvh9ta67oiqiwpoßdüpfeüclpoiwajuizgekugeifiuakzw
bnörilejuvhokanxuemföohgo8iawgeozfhuöofijwequf7w
gfztvhdbjnlkvpcorhfbehqwftrdwrdsthfuzkvnowpkeopvh
oifhufuzweb.kefjiofhir8riäimohxkhoih3uöojeikogüoweäk
görnuiegzgfgufvnrklkölüpwqdfweoüewpojtoiuhizuvguz
qvfaeinqahnyg<tzu
        yhijoqöijoirhuihzgqiuhwiuoegn
Fwkqhgzuqlionygzugqrhiowkfoemf ec
Weqvnwqugbfzwgqyi guzgq
uoxhifoqhgoihihriubvbrueqgurvihroöijbihiaefrqeg gre

Ghiuwqzgfiwhgqhweuiwhgwqg whqe8zighegoiz9payz
iqiz8gouer8gqz86tegf8ohufiwe09ugzrgh
rhoubobhg8zer8tiobj90ei98zrguzgkhbioirgo9itjghto8ish
wjüsbpjtu987thbstj0rit09u89ewxm7
7zreh87gh87eprujögoej8ghr78geqöojr09gti98ug87rh8j9
eigm98ue8g
zzer98zgu89r8uwigeß0wkvjoih878wqez78gzfr
8we9rgz87z8rezg89iß0ßogjfwehuzgwe6rc7r3vbgug98u8
97gz8z
4g983uerg9eiß0rüorlkgorhzwgcvo8erougiwüeokgmoiu
bziewghqheriuh grhiuhg8vhrehgujüi4erjhvh9qe8bi9 x
Khbugwqogfufnbfuzv32itzfvb2oinoöwm2ifb3zviqhl23rjöi
o2fmlöwkjfh3uzkj,knwärk2iofhzgvm,kjwmdpokjcu3gwifk
ujb,wf .l3fmonuigztdvtzjwkbn.d-koög,v
,hbehtruzfwqpgöpkamvjouehzgfviövb
cäkqojluhzgvbuöanir.ubovlhzugwivpebö
nvüionwiäpqjuioh8ozqfg8ubvrojqohzag8eoqbvnröqoq
ahuiguzrbifnonioahuigztftrctrqdwuzwefugqhoöhn
volrjvh9ta67oiqiwpoßdüpfeüclpoiwajuizgekugeifiuakzw
bnörilejuvhokanxuemföohgo8iawgeozfhuöofijwequf7w
gfztvhdbjnlkvpcorhfbehqwftrdwrdsthfuzkvnowpkeopvh
oifhufuzweb.kefjiofhir8riäimohxkhoih3uöojeikogüoweäk
görnuiegzgfgufvnrklkölüpwqdfweoüewpojtoiuhizuvguz
qvfaeinqahnyg<tzu
        yhijoqöijoirhuihzgqiuhwiuoegn
Fwkqhgzuqlionygzugqrhiowkfoemf ec
Weqvnwqugbfzwgqyi guzgq
uoxhifoqhgoihihriubvbrueqgurvihrooijbihlaefiqeg gre
Ghiuwqzgfiwhgqhweuiwhgwqg whqe8zighegoiz9payz
iqiz8gouer8gqz86tegf8ohufiwe09ugzrgh
rhoubobhg8zer8tiobj90ei98zrguzgkhbioirgo9itjghto8ish
wjüsbpjtu987thbstj0rit09u89ewxm7
7zreh87gh87eprujögoej8ghr78geqöojr09gti98ug87rh8j9
eigm98ue8g
zzer98zgu89r8uwigeß0wkvjoih878wqez78gzfr
8we9rgz87z8rezg89iß0ßogjfwehuzgwe6rc7r3vbgug98u8
97gz8z

4g983uerg9eiß0rüorlkgorhzwgcvo8erougiwüeokgmoiu
bziewghqheriuh grhiuhg8vhrehgujüi4erjhvh9qe8bi9 x
Khbugwqogfufnbfuzv32itzfvb2oinoöwm2ifb3zviqhl23rjöi
o2fmlöwkjfh3uzkj,knwärk2iofhzgvm,kjwmdpokjcu3gwifk
ujb,wf .l3fmonuigztdvtzjwkbn.d-koög,v
,hbehtruzfwqpgöpkamvjouehzgfviövb
cäkqojluhzgvbuöanir.ubovlhzugwivpebö
nvüionwiäpqjuioh8ozqfg8ubvrojqohzag8eoqbvnröqoq
ahuiguzrbifnonioahuigztftrctrqdwuzwefugqhoöhn
volrjvh9ta67oiqiwpoßdüpfeüclpoiwajuizgekugeifiuakzw
bnörilejuvhokanxuemföohgo8iawgeozfhuöofijwequf7w
gfztvhdbjnlkvpcorhfbehqwftrdwrdsthfuzkvnowpkeopvh
oifhufuzweb.kefjiofhir8riäimohxkhoih3uöojeikogüoweäk
görnuiegzgfgufvnrklkölüpwqdfweoüewpojtoiuhizuvguz
qvfaeinqahnyg<tzu
         yhijoqöijoirhuihzgqiuhwiuoegn
Fwkqhgzuqlionygzugqrhiowkfoemf ec
Weqvnwqugbfzwgqyi guzgq
uoxhifoqhgoihihriubvbrueqgurvihroöijbihiaefrqeg gre
Ghiuwqzgfiwhgqhweuiwhgwqg whqe8zighegoiz9payz
iqiz8gouer8gqz86tegf8ohufiwe09ugzrgh
rhoubobhg8zer8tiobj90ei98zrguzgkhbioirgo9itjghto8ish
wjüsbpjtu987thbstj0rit09u89ewxm7
7zreh87gh87eprujögoej8ghr78geqöojr09gti98ug87rh8j9
eigm98ue8g
zzer98zgu89r8uwigeß0wkvjoih878wqez78gzfr
8we9rgz87z8rezg89iß0ßogjfwehuzgwe6rc7r3vbgug98u8
97gz8z
4g983uerg9eiß0rüorlkgorhzwgcvo8erougiwüeokgmoiu
bziewghqheriuh grhiuhg8vhrehgujüi4erjhvh9qe8bi9 x
Khbugwqogfufnbfuzv32itzfvb2oinoöwm2ifb3zviqhl23rjöi
o2fmlöwkjfh3uzkj,knwärk2iofhzgvm,kjwmdpokjcu3gwifk
ujb,wf .l3fmonuigztdvtzjwkbn.d-koög,v
,hbehtruzfwqpgöpkamvjouehzgfviövb
cäkqojluhzgvbuöanir.ubovlhzugwivpebö
nvüionwiäpqjuioh8ozqfg8ubvrojqohzag8eoqbvnröqoq
ahuiguzrbifnonioahuigztftrctrqdwuzwefugqhoöhn
volrjvh9ta67oiqiwpoßdüpfeüclpoiwajuizgekugeifiuakzw

bnörilejuvhokanxuemföohgo8iawgeozfhuöofijwequf7w
gfztvhdbjnlkvpcorhfbehqwftrdwrdsthfuzkvnowpkeopvh
oifhufuzweb.kefjiofhir8riäimohxkhoih3uöojeikogüoweäk
görnuiegzgfgufvnrklkölüpwqdfweoüewpojtoiuhizuvguz
qvfaeinqahnyg<tzu
        yhijoqöijoirhuihzgqiuhwiuoegn
Fwkqhgzuqlionygzugqrhiowkfoemf ec
Weqvnwqugbfzwgqyi guzgq
uoxhifoqhgoihihriubvbrueqgurvihroöijbihiaefrqeg gre
Ghiuwqzgfiwhgqhweuiwhgwqg whqe8zighegoiz9payz
iqiz8gouer8gqz86tegf8ohufiwe09ugzrgh
rhoubobhg8zer8tiobj90ei98zrguzgkhbioirgo9itjghto8ish
wjüsbpjtu987thbstj0rit09u89ewxm7
7zreh87gh87eprujögoej8ghr78geqöojr09gti98ug87rh8j9
eigm98ue8g
zzer98zgu89r8uwigeß0wkvjoih878wqez78gzfr
8we9rgz87z8rezg89iß0ßogjfwehuzgwe6rc7r3vbgug98u8
97gz8z
4g983uerg9eiß0rüorlkgorhzwgcvo8erougiwüeokgmoiu
bziewghqheriuh grhiuhg8vhrehgujüi4erjhvh9qe8bi9 x
Khbugwqogfufnbfuzv32itzfvb2oinoöwm2ifb3zviqhl23rjöi
o2fmlöwkjfh3uzkj,knwärk2iofhzgvm,kjwmdpokjcu3gwifk
ujb,wf .l3fmonuigztdvtzjwkbn.d-koög,v
,hbehtruzfwqpgöpkamvjouehzgfviövb
cäkqojluhzgvbuöanir.ubovlhzugwivpebö
nvüionwiäpqjuioh8ozqfg8ubvrojqohzag8eoqbvnröqoq
ahuiguzrbifnonioahuig7tftrctrqdwuzwefugqhoöhn
volrjvh9ta67oiqiwpoßdüpfeüclpoiwajuizgekugeifiuakzw
bnörilejuvhokanxuemföohgo8iawgeozfhuöofijwequf7w
gfztvhdbjnlkvpcorhfbehqwftrdwrdsthfuzkvnowpkeopvh
oifhufuzweb.kefjiofhir8riäimohxkhoih3uöojeikogüoweäk
görnuiegzgfgufvnrklkölüpwqdfweoüewpojtoiuhizuvguz
qvfaeinqahnyg<tzu
        yhijoqöijoirhuihzgqiuhwiuoegn
Fwkqhgzuqlionygzugqrhiowkfoemf ec
Weqvnwqugbfzwgqyi guzgq
uoxhifoqhgoihihriubvbrueqgurvihroöijbihiaefrqeg gre

Ghiuwqzgfiwhgqhweuiwhgwqg whqe8zighegoiz9payz
iqiz8gouer8gqz86tegf8ohufiwe09ugzrgh
rhoubobhg8zer8tiobj90ei98zrguzgkhbioirgo9itjghto8ish
wjüsbpjtu987thbstj0rit09u89ewxm7
7zreh87gh87eprujögoej8ghr78geqöojr09gti98ug87rh8j9
eigm98ue8g
zzer98zgu89r8uwigeß0wkvjoih878wqez78gzfr
8we9rgz87z8rezg89iß0ßogjfwehuzgwe6rc7r3vbgug98u8
97gz8z
4g983uerg9eiß0rüorlkgorhzwgcvo8erougiwüeokgmoiu
bziewghqheriuh grhiuhg8vhrehgujüi4erjhvh9qe8bi9 x
Khbugwqogfufnbfuzv32itzfvb2oinoöwm2ifb3zviqhl23rjöi
o2fmlöwkjfh3uzkj,knwärk2iofhzgvm,kjwmdpokjcu3gwifk
ujb,wf .l3fmonuigztdvtzjwkbn.d-koög,v
,hbehtruzfwqpgöpkamvjouehzgfviövb
cäkqojluhzgvbuöanir.ubovlhzugwivpebö
nvüionwiäpqjuioh8ozqfg8ubvrojqohzag8eoqbvnröqoq
ahuiguzrbifnonioahuigztftrctrqdwuzwefugqhoöhn
volrjvh9ta67oiqiwpoßdüpfeüclpoiwajuizgekugeifiuakzw
bnörilejuvhokanxuemföohgo8iawgeozfhuöofijwequf7w
gfztvhdbjnlkvpcorhfbehqwftrdwrdsthfuzkvnowpkeopvh
oifhufuzweb.kefjiofhir8riäimohxkhoih3uöojeikogüoweäk
görnuiegzgfgufvnrklkölüpwqdfweoüewpojtoiuhizuvguz
qvfaeinqahnyg<tzu
        yhijoqöijoirhuihzgqiuhwiuoegn
Fwkqhgzuqlionygzugqrhiowkfoemf ec
Weqvnwqugbfzwgqyi guzgq
uoxhifoqhgoihihriubvbrueqgurvihroöijbihiaefrqeg gre
Ghiuwqzgfiwhgqhweuiwhgwqg whqe8zighegoiz9payz
iqiz8gouer8gqz86tegf8ohufiwe09ugzrgh
rhoubobhg8zer8tiobj90ei98zrguzgkhbioirgo9itjghto8ish
wjüsbpjtu987thbstj0rit09u89ewxm7
7zreh87gh87eprujögoej8ghr78geqöojr09gti98ug87rh8j9
eigm98ue8g
zzer98zgu89r8uwigeß0wkvjoih878wqez78gzfr
8we9rgz87z8rezg89iß0ßogjfwehuzgwe6rc7r3vbgug98u8
97gz8z

4g983uerg9eiß0rüorlkgorhzwgcvo8erougiwüeokgmoiu
bziewghqheriuh grhiuhg8vhrehgujüi4erjhvh9qe8bi9 x
Khbugwqogfufnbfuzv32itzfvb2oinoöwm2ifb3zviqhl23rjöi
o2fmlöwkjfh3uzkj,knwärk2iofhzgvm,kjwmdpokjcu3gwifk
ujb,wf .l3fmonuigztdvtzjwkbn.d-koög,v
,hbehtruzfwqpgöpkamvjouehzgfviövb
cäkqojluhzgvbuöanir.ubovlhzugwivpebö
nvüionwiäpqjuioh8ozqfg8ubvrojqohzag8eoqbvnröqoq
ahuiguzrbifnonioahuigztftrctrqdwuzwefugqhoöhn
volrjvh9ta67oiqiwpoßdüpfeüclpoiwajuizgekugeifiuakzw
bnörilejuvhokanxuemföohgo8iawgeozfhuöofijwequf7w
gfztvhdbjnlkvpcorhfbehqwftrdwrdsthfuzkvnowpkeopvh
oifhufuzweb.kefjiofhir8riäimohxkhoih3uöojeikogüoweäk
görnuiegzgfgufvnrklkölüpwqdfweoüewpojtoiuhizuvguz
qvfaeinqahnyg<tzu
        yhijoqöijoirhuihzgqiuhwiuoegn
Fwkqhgzuqlionygzugqrhiowkfoemf ec
Weqvnwqugbfzwgqyi guzgq
uoxhifoqhgoihihriubvbrueqgurvihroöijbihiaefrqeg gre
Ghiuwqzgfiwhgqhweuiwhgwqg whqe8zighegoiz9payz
iqiz8gouer8gqz86tegf8ohufiwe09ugzrgh
rhoubobhg8zer8tiobj90ei98zrguzgkhbioirgo9itjghto8ish
wjüsbpjtu987thbstj0rit09u89ewxm7
7zreh87gh87eprujögoej8ghr78geqöojr09gti98ug87rh8j9
eigm98ue8g
zzer98zgu89r8uwigeß0wkvjoih878wqez78gzfr
8we9rgz87z8rezg89iß0ßogjfwehuzgwe6rc7r3vbgug98u8
97gz8z
4g983uerg9eiß0rüorlkgorhzwgcvo8erougiwüeokgmoiu
bziewghqheriuh grhiuhg8vhrehgujüi4erjhvh9qe8bi9 x
Khbugwqogfufnbfuzv32itzfvb2oinoöwm2ifb3zviqhl23rjöi
o2fmlöwkjfh3uzkj,knwärk2iofhzgvm,kjwmdpokjcu3gwifk
ujb,wf .l3fmonuigztdvtzjwkbn.d-koög,v
,hbehtruzfwqpgöpkamvjouehzgfviövb
cäkqojluhzgvbuöanir.ubovlhzugwivpebö
nvüionwiäpqjuioh8ozqfg8ubvrojqohzag8eoqbvnröqoq
ahuiguzrbifnonioahuigztftrctrqdwuzwefugqhoöhn
volrjvh9ta67oiqiwpoßdüpfeüclpoiwajuizgekugeifiuakzw

bnörilejuvhokanxuemföohgo8iawgeozfhuöofijwequf7w
gfztvhdbjnlkvpcorhfbehqwftrdwrdsthfuzkvnowpkeopvh
oifhufuzweb.kefjiofhir8riäimohxkhoih3uöojeikogüoweäk
görnuiegzgfgufvnrklkölüpwqdfweoüewpojtoiuhizuvguz
qvfaeinqahnyg<tzu
        yhijoqöijoirhuihzgqiuhwiuoegn
Fwkqhgzuqlionygzugqrhiowkfoemf ec
Weqvnwqugbfzwgqyi guzgq
uoxhifoqhgoihihriubvbrueqgurvihroöijbihiaefrqeg gre
Ghiuwqzgfiwhgqhweuiwhgwqg whqe8zighegoiz9payz
iqiz8gouer8gqz86tegf8ohufiwe09ugzrgh
rhoubobhg8zer8tiobj90ei98zrguzgkhbioirgo9itjghto8ish
wjüsbpjtu987thbstj0rit09u89ewxm7
7zreh87gh87eprujögoej8ghr78geqöojr09gti98ug87rh8j9
eigm98ue8g
zzer98zgu89r8uwigeß0wkvjoih878wqez78gzfr
8we9rgz87z8rezg89iß0ßogjfwehuzgwe6rc7r3vbgug98u8
97gz8z
4g983uerg9eiß0rüorlkgorhzwgcvo8erougiwüeokgmoiu
bziewghqheriuh grhiuhg8vhrehgujüi4erjhvh9qe8bi9 x
Khbugwqogfufnbfuzv32itzfvb2oinoöwm2ifb3zviqhl23rjöi
o2fmlöwkjfh3uzkj,knwärk2iofhzgvm,kjwmdpokjcu3gwifk
ujb,wf .l3fmonuigztdvtzjwkbn.d-koög,v
,hbehtruzfwqpgöpkamvjouehzgfviövb
cäkqojluhzgvbuöanir.ubovlhzugwivpebö
nvüionwiäpqjuioh8ozqfg8ubvrojqohzag8eoqbvnröqoq
ahuiguzrbifnonioahuigztftrctrqdwuzwefugqhoöhn
volrjvh9ta67oiqiwpoßdüpfeüclpoiwajuizgekugeifiuakzw
bnörilejuvhokanxuemföohgo8iawgeozfhuöofijwequf7w
gfztvhdbjnlkvpcorhfbehqwftrdwrdsthfuzkvnowpkeopvh
oifhufuzweb.kefjiofhir8riäimohxkhoih3uöojeikogüoweäk
görnuiegzgfgufvnrklkölüpwqdfweoüewpojtoiuhizuvguz
qvfaeinqahnyg<tzu
        yhijoqöijoirhuihzgqiuhwiuoegn
Fwkqhgzuqlionygzugqrhiowkfoemf ec
Weqvnwqugbfzwgqyi guzgq
uoxhifoqhgoihihriubvbrueqgurvihroöijbihiaefrqeg gre

Ghiuwqzgfiwhgqhweuiwhgwqg whqe8zighegoiz9payz
iqiz8gouer8gqz86tegf8ohufiwe09ugzrgh
rhoubobhg8zer8tiobj90ei98zrguzgkhbioirgo9itjghto8ish
wjüsbpjtu987thbstj0rit09u89ewxm7
7zreh87gh87eprujögoej8ghr78geqöojr09gti98ug87rh8j9
eigm98ue8g
zzer98zgu89r8uwigeß0wkvjoih878wqez78gzfr
8we9rgz87z8rezg89iß0ßogjfwehuzgwe6rc7r3vbgug98u8
97gz8z
4g983uerg9eiß0rüorlkgorhzwgcvo8erougiwüeokgmoiu
bziewghqheriuh grhiuhg8vhrehgujüi4erjhvh9qe8bi9 x
Khbugwqogfufnbfuzv32itzfvb2oinoöwm2ifb3zviqhl23rjöi
o2fmlöwkjfh3uzkj,knwärk2iofhzgvm,kjwmdpokjcu3gwifk
ujb,wf .l3fmonuigztdvtzjwkbn.d-koög,v
,hbehtruzfwqpgöpkamvjouehzgfviövb
cäkqojluhzgvbuöanir.ubovlhzugwivpebö
nvüionwiäpqjuioh8ozqfg8ubvrojqohzag8eoqbvnröqoq
ahuiguzrbifnonioahuigztftrctrqdwuzwefugqhoöhn
volrjvh9ta67oiqiwpoßdüpfeüclpoiwajuizgekugeifiuakzw
bnörilejuvhokanxuemföohgo8iawgeozfhuöofijwequf7w
gfztvhdbjnlkvpcorhfbehqwftrdwrdsthfuzkvnowpkeopvh
oifhufuzweb.kefjiofhir8riäimohxkhoih3uöojeikogüoweäk
görnuiegzgfgufvnrklkölüpwqdfweoüewpojtoiuhizuvguz
qvfaeinqahnyg<tzu
        yhijoqöijoirhuihzgqiuhwiuoegn
Fwkqhgzuqlionygzugqrhiowkfoemf ec
Weqvnwqugbfzwgqyi guzqq
uoxhifoqhgoihihriubvbrueqgurvihroöijbihiaefrqeg yre
Ghiuwqzgfiwhgqhweuiwhgwqg whqe8zighegoiz9payz
iqiz8gouer8gqz86tegf8ohufiwe09ugzrgh
rhoubobhg8zer8tiobj90ei98zrguzgkhbioirgo9itjghto8ish
wjüsbpjtu987thbstj0rit09u89ewxm7
7zreh87gh87eprujögoej8ghr78geqöojr09gti98ug87rh8j9
eigm98ue8g
zzer98zgu89r8uwigeß0wkvjoih878wqez78gzfr
8we9rgz87z8rezg89iß0ßogjfwehuzgwe6rc7r3vbgug98u8
97gz8z

4g983uerg9eiß0rüorlkgorhzwgcvo8erougiwüeokgmoiu
bziewghqheriuh grhiuhg8vhrehgujüi4erjhvh9qe8bi9 x
Khbugwqogfufnbfuzv32itzfvb2oinoöwm2ifb3zviqhl23rjöi
o2fmlöwkjfh3uzkj,knwärk2iofhzgvm,kjwmdpokjcu3gwifk
ujb,wf .l3fmonuigztdvtzjwkbn.d-koög,v
,hbehtruzfwqpgöpkamvjouehzgfviövb
cäkqojluhzgvbuöanir.ubovlhzugwivpebö
nvüionwiäpqjuioh8ozqfg8ubvrojqohzag8eoqbvnröqoq
ahuiguzrbifnonioahuigztftrctrqdwuzwefugqhoöhn
volrjvh9ta67oiqiwpoßdüpfeüclpoiwajuizgekugeifiuakzw
bnörilejuvhokanxuemföohgo8iawgeozfhuöofijwequf7w
gfztvhdbjnlkvpcorhfbehqwftrdwrdsthfuzkvnowpkeopvh
oifhufuzweb.kefjiofhir8riäimohxkhoih3uöojeikogüoweäk
görnuiegzgfgufvnrklkölüpwqdfweoüewpojtoiuhizuvguz
qvfaeinqahnyg<tzu
        yhijoqöijoirhuihzgqiuhwiuoegn
Fwkqhgzuqlionygzugqrhiowkfoemf ec
Weqvnwqugbfzwgqyi guzgq
uoxhifoqhgoihihriubvbrueqgurvihroöijbihiaefrqeg gre
Ghiuwqzgfiwhgqhweuiwhgwqg whqe8zighegoiz9payz
iqiz8gouer8gqz86tegf8ohufiwe09ugzrgh
rhoubobhg8zer8tiobj90ei98zrguzgkhbioirgo9itjghto8ish
wjüsbpjtu987thbstj0rit09u89ewxm7
7zreh87gh87eprujögoej8ghr78geqöojr09gti98ug87rh8j9
eigm98ue8g
zzer98zgu89r8uwigeß0wkvjoih878wqez78gzfr
8we9rgz87z8rezg89iß0ßogjfwehuzgwe6rc7r3vbgug98u8
97gz8z
4g983uerg9eiß0rüorlkgorhzwgcvo8erougiwüeokgmoiu
bziewghqheriuh grhiuhg8vhrehgujüi4erjhvh9qe8bi9 x
Khbugwqogfufnbfuzv32itzfvb2oinoöwm2ifb3zviqhl23rjöi
o2fmlöwkjfh3uzkj,knwärk2iofhzgvm,kjwmdpokjcu3gwifk
ujb,wf .l3fmonuigztdvtzjwkbn.d-koög,v
,hbehtruzfwqpgöpkamvjouehzgfviövb
cäkqojluhzgvbuöanir.ubovlhzugwivpebö
nvüionwiäpqjuioh8ozqfg8ubvrojqohzag8eoqbvnröqoq
ahuiguzrbifnonioahuigztftrctrqdwuzwefugqhoöhn
volrjvh9ta67oiqiwpoßdüpfeüclpoiwajuizgekugeifiuakzw

bnörilejuvhokanxuemföohgo8iawgeozfhuöofijwequf7w
gfztvhdbjnlkvpcorhfbehqwftrdwrdsthfuzkvnowpkeopvh
oifhufuzweb.kefjiofhir8riäimohxkhoih3uöojeikogüoweäk
görnuiegzgfgufvnrklkölüpwqdfweoüewpojtoiuhizuvguz
qvfaeinqahnyg<tzu
        yhijoqöijoirhuihzgqiuhwiuoegn
Fwkqhgzuqlionygzugqrhiowkfoemf ec
Weqvnwqugbfzwgqyi guzgq
uoxhifoqhgoihihriubvbrueqgurvihroöijbihiaefrqeg gre
Ghiuwqzgfiwhgqhweuiwhgwqg whqe8zighegoiz9payz
iqiz8gouer8gqz86tegf8ohufiwe09ugzrgh
rhoubobhg8zer8tiobj90ei98zrguzgkhbioirgo9itjghto8ish
wjüsbpjtu987thbstj0rit09u89ewxm7
7zreh87gh87eprujögoej8ghr78geqöojr09gti98ug87rh8j9
eigm98ue8g
zzer98zgu89r8uwigeß0wkvjoih878wqez78gzfr
8we9rgz87z8rezg89iß0ßogjfwehuzgwe6rc7r3vbgug98u8
97gz8z
4g983uerg9eiß0rüorlkgorhzwgcvo8erougiwüeokgmoiu
bziewghqheriuh grhiuhg8vhrehgujüi4erjhvh9qe8bi9 x
Khbugwqogfufnbfuzv32itzfvb2oinoöwm2ifb3zviqhl23rjöi
o2fmlöwkjfh3uzkj,knwärk2iofhzgvm,kjwmdpokjcu3gwifk
ujb,wf .l3fmonuigztdvtzjwkbn.d-koög,v
,hbehtruzfwqpgöpkamvjouehzgfviövb
cäkqojluhzgvbuöanir.ubovlhzugwivpebö
nvüionwiäpqjuioh8ozqfg8ubvrojqohzag8eoqbvnröqoq
ahuiguzrbifnonioahuigztftrctrqdwuzwefugqhoöhn
volrjvh9ta67oiqiwpoßdüpfeüclpoiwajuizgekugelfluukzw
bnörilejuvhokanxuemföohgo8iawgeozfhuöofijwequf7w
gfztvhdbjnlkvpcorhfbehqwftrdwrdsthfuzkvnowpkeopvh
oifhufuzweb.kefjiofhir8riäimohxkhoih3uöojeikogüoweäk
görnuiegzgfgufvnrklkölüpwqdfweoüewpojtoiuhizuvguz
qvfaeinqahnyg<tzu
        yhijoqöijoirhuihzgqiuhwiuoegn
Fwkqhgzuqlionygzugqrhiowkfoemf ec
Weqvnwqugbfzwgqyi guzgq
uoxhifoqhgoihihriubvbrueqgurvihroöijbihiaefrqeg gre

Ghiuwqzgfiwhgqhweuiwhgwqg whqe8zighegoiz9payz
iqiz8gouer8gqz86tegf8ohufiwe09ugzrgh
rhoubobhg8zer8tiobj90ei98zrguzgkhbioirgo9itjghto8ish
wjüsbpjtu987thbstj0rit09u89ewxm7
7zreh87gh87eprujögoej8ghr78geqöojr09gti98ug87rh8j9
eigm98ue8g
zzer98zgu89r8uwigeß0wkvjoih878wqez78gzfr
8we9rgz87z8rezg89iß0ßogjfwehuzgwe6rc7r3vbgug98u8
97gz8z
4g983uerg9eiß0rüorlkgorhzwgcvo8erougiwüeokgmoiu
bziewghqheriuh grhiuhg8vhrehgujüi4erjhvh9qe8bi9 x
Khbugwqogfufnbfuzv32itzfvb2oinoöwm2ifb3zviqhl23rjöi
o2fmlöwkjfh3uzkj,knwärk2iofhzgvm,kjwmdpokjcu3gwifk
ujb,wf .l3fmonuigztdvtzjwkbn.d-koög,v
,hbehtruzfwqpgöpkamvjouehzgfviövb
cäkqojluhzgvbuöanir.ubovlhzugwivpebö
nvüionwiäpqjuioh8ozqfg8ubvrojqohzag8eoqbvnröqoq
ahuiguzrbifnonioahuigztftrctrqdwuzwefugqhoöhn
volrjvh9ta67oiqiwpoßdüpfeüclpoiwajuizgekugeifiuakzw
bnörilejuvhokanxuemföohgo8iawgeozfhuöofijwequf7w
gfztvhdbjnlkvpcorhfbehqwftrdwrdsthfuzkvnowpkeopvh
oifhufuzweb.kefjiofhir8riäimohxkhoih3uöojeikogüoweäk
görnuiegzgfgufvnrklkölüpwqdfweoüewpojtoiuhizuvguz
qvfaeinqahnyg<tzu
        yhijoqöijoirhuihzgqiuhwiuoegn
Fwkqhgzuqlionygzugqrhiowkfoemf ec
Weqvnwqugbfzwgqyi guzgq
uoxhifoqhgoihihriubvbrueqgurvihroöijbihiaefrqeg gre
Ghiuwqzgfiwhgqhweuiwhgwqg whqe8zighegoiz9payz
iqiz8gouer8gqz86tegf8ohufiwe09ugzrgh
rhoubobhg8zer8tiobj90ei98zrguzgkhbioirgo9itjghto8ish
wjüsbpjtu987thbstj0rit09u89ewxm7
7zreh87gh87eprujögoej8ghr78geqöojr09gti98ug87rh8j9
eigm98ue8g
zzer98zgu89r8uwigeß0wkvjoih878wqez78gzfr
8we9rgz87z8rezg89iß0ßogjfwehuzgwe6rc7r3vbgug98u8
97gz8z

4g983uerg9eiß0rüorlkgorhzwgcvo8erougiwüeokgmoiu
bziewghqheriuh grhiuhg8vhrehgujüi4erjhvh9qe8bi9 x
Khbugwqogfufnbfuzv32itzfvb2oinoöwm2ifb3zviqhl23rjöi
o2fmlöwkjfh3uzkj,knwärk2iofhzgvm,kjwmdpokjcu3gwifk
ujb,wf .l3fmonuigztdvtzjwkbn.d-koög,v
,hbehtruzfwqpgöpkamvjouehzgfviövb
cäkqojluhzgvbuöanir.ubovlhzugwivpebö
nvüionwiäpqjuioh8ozqfg8ubvrojqohzag8eoqbvnröqoq
ahuiguzrbifnonioahuigztftrctrqdwuzwefugqhoöhn
volrjvh9ta67oiqiwpoßdüpfeüclpoiwajuizgekugeifiuakzw
bnörilejuvhokanxuemföohgo8iawgeozfhuöofijwequf7w
gfztvhdbjnlkvpcorhfbehqwftrdwrdsthfuzkvnowpkeopvh
oifhufuzweb.kefjiofhir8riäimohxkhoih3uöojeikogüoweäk
görnuiegzgfgufvnrklkölüpwqdfweoüewpojtoiuhizuvguz
qvfaeinqahnyg<tzu
        yhijoqöijoirhuihzgqiuhwiuoegn
Fwkqhgzuqlionygzugqrhiowkfoemf ec
Weqvnwqugbfzwgqyi guzgq
uoxhifoqhgoihihriubvbrueqgurvihroöijbihiaefrqeg gre
Ghiuwqzgfiwhgqhweuiwhgwqg whqe8zighegoiz9payz
iqiz8gouer8gqz86tegf8ohufiwe09ugzrgh
rhoubobhg8zer8tiobj90ei98zrguzgkhbioirgo9itjghto8ish
wjüsbpjtu987thbstj0rit09u89ewxm7
7zreh87gh87eprujögoej8ghr78geqöojr09gti98ug87rh8j9
eigm98ue8g
zzer98zgu89r8uwigeß0wkvjoih878wqez78gzfr
8we9rgz87z8rezg89iß0ßogjfwehuzgwe6rc7r3vbgug98u8
97gz8z
4g983uerg9eiß0rüorlkgorhzwgcvo8erougiwüeokgmoiu
bziewghqheriuh grhiuhg8vhrehgujüi4erjhvh9qe8bi9 x
Khbugwqogfufnbfuzv32itzfvb2oinoöwm2ifb3zviqhl23rjöi
o2fmlöwkjfh3uzkj,knwärk2iofhzgvm,kjwmdpokjcu3gwifk
ujb,wf .l3fmonuigztdvtzjwkbn.d-koög,v
,hbehtruzfwqpgöpkamvjouehzgfviövb
cäkqojluhzgvbuöanir.ubovlhzugwivpebö
nvüionwiäpqjuioh8ozqfg8ubvrojqohzag8eoqbvnröqoq
ahuiguzrbifnonioahuigztftrctrqdwuzwefugqhoöhn
volrjvh9ta67oiqiwpoßdüpfeüclpoiwajuizgekugeifiuakzw

bnörilejuvhokanxuemföohgo8iawgeozfhuöofijwequf7w
gfztvhdbjnlkvpcorhfbehqwftrdwrdsthfuzkvnowpkeopvh
oifhufuzweb.kefjiofhir8riäimohxkhoih3uöojeikogüoweäk
görnuiegzgfgufvnrklkölüpwqdfweoüewpojtoiuhizuvguz
qvfaeinqahnyg<tzu
        yhijoqöijoirhuihzgqiuhwiuoegn
Fwkqhgzuqlionygzugqrhiowkfoemf ec
Weqvnwqugbfzwgqyi guzgq
uoxhifoqhgoihihriubvbrueqgurvihroöijbihiaefrqeg gre
Ghiuwqzgfiwhgqhweuiwhgwqg whqe8zighegoiz9payz
iqiz8gouer8gqz86tegf8ohufiwe09ugzrgh
rhoubobhg8zer8tiobj90ei98zrguzgkhbioirgo9itjghto8ish
wjüsbpjtu987thbstj0rit09u89ewxm7
7zreh87gh87eprujögoej8ghr78geqöojr09gti98ug87rh8j9
eigm98ue8g
zzer98zgu89r8uwigeß0wkvjoih878wqez78gzfr
8we9rgz87z8rezg89iß0ßogjfwehuzgwe6rc7r3vbgug98u8
97gz8z
4g983uerg9eiß0rüorlkgorhzwgcvo8erougiwüeokgmoiu
bziewghqheriuh grhiuhg8vhrehgujüi4erjhvh9qe8bi9 x
Khbugwqogfufnbfuzv32itzfvb2oinoöwm2ifb3zviqhl23rjöi
o2fmlöwkjfh3uzkj,knwärk2iofhzgvm,kjwmdpokjcu3gwifk
ujb,wf .l3fmonuigztdvtzjwkbn.d-koög,v
,hbehtruzfwqpgöpkamvjouehzgfviövb
cäkqojluhzgvbuöanir.ubovlhzugwivpebö
nvüionwiäpqjuioh8ozqfg8ubvrojqohzag8eoqbvnröqoq
ahuiguzrbifnonioahuigztftrctrqdwuzwefugqhoöhn
volrjvh9ta67oiqiwpoßdüpfeüclpoiwajuizgekugeifiuakzw
bnörilejuvhokanxuemföohgo8iawgeozfhuöofijwequf7w
gfztvhdbjnlkvpcorhfbehqwftrdwrdsthfuzkvnowpkeopvh
oifhufuzweb.kefjiofhir8riäimohxkhoih3uöojeikogüoweäk
görnuiegzgfgufvnrklkölüpwqdfweoüewpojtoiuhizuvguz
qvfaeinqahnyg<tzu
        yhijoqöijoirhuihzgqiuhwiuoegn
Fwkqhgzuqlionygzugqrhiowkfoemf ec
Weqvnwqugbfzwgqyi guzgq
uoxhifoqhgoihihriubvbrueqgurvihroöijbihiaefrqeg gre

Ghiuwqzgfiwhgqhweuiwhgwqg whqe8zighegoiz9payz
iqiz8gouer8gqz86tegf8ohufiwe09ugzrgh
rhoubobhg8zer8tiobj90ei98zrguzgkhbioirgo9itjghto8ish
wjüsbpjtu987thbstj0rit09u89ewxm7
7zreh87gh87eprujögoej8ghr78geqöojr09gti98ug87rh8j9
eigm98ue8g
zzer98zgu89r8uwigeß0wkvjoih878wqez78gzfr
8we9rgz87z8rezg89iß0ßogjfwehuzgwe6rc7r3vbgug98u8
97gz8z
4g983uerg9eiß0rüorlkgorhzwgcvo8erougiwüeokgmoiu
bziewghqheriuh grhiuhg8vhrehgujüi4erjhvh9qe8bi9 x
Khbugwqogfufnbfuzv32itzfvb2oinoöwm2ifb3zviqhl23rjöi
o2fmlöwkjfh3uzkj,knwärk2iofhzgvm,kjwmdpokjcu3gwifk
ujb,wf .l3fmonuigztdvtzjwkbn.d-koög,v
,hbehtruzfwqpgöpkamvjouehzgfviövb
cäkqojluhzgvbuöanir.ubovlhzugwivpebö
nvüionwiäpqjuioh8ozqfg8ubvrojqohzag8eoqbvnröqoq
ahuiguzrbifnonioahuigztftrctrqdwuzwefugqhoöhn
volrjvh9ta67oiqiwpoßdüpfeüclpoiwajuizgekugeifiuakzw
bnörilejuvhokanxuemföohgo8iawgeozfhuöofijwequf7w
gfztvhdbjnlkvpcorhfbehqwftrdwrdsthfuzkvnowpkeopvh
oifhufuzweb.kefjiofhir8riäimohxkhoih3uöojeikogüoweäk
görnuiegzgfgufvnrklkölüpwqdfweoüewpojtoiuhizuvguz
qvfaeinqahnyg<tzu
        yhijoqöijoirhuihzgqiuhwiuoegn
Fwkqhgzuqlionygzuggqrhiowkfoemf ec
Weqvnwqugbfzwgqyi guzgq
uoxhifoqhgoihihriubvbrueqgurvihroöijbihiaefrqeg gre
Ghiuwqzgfiwhgqhweuiwhgwqg whqe8zighegoiz9payz
iqiz8gouer8gqz86tegf8ohufiwe09ugzrgh
rhoubobhg8zer8tiobj90ei98zrguzgkhbioirgo9itjghto8ish
wjüsbpjtu987thbstj0rit09u89ewxm7
7zreh87gh87eprujögoej8ghr78geqöojr09gti98ug87rh8j9
eigm98ue8g
zzer98zgu89r8uwigeß0wkvjoih878wqez78gzfr
8we9rgz87z8rezg89iß0ßogjfwehuzgwe6rc7r3vbgug98u8
97gz8z

4g983uerg9eiß0rüorlkgorhzwgcvo8erougiwüeokgmoiu
bziewghqheriuh grhiuhg8vhrehgujüi4erjhvh9qe8bi9 x
Khbugwqogfufnbfuzv32itzfvb2oinoöwm2ifb3zviqhl23rjöi
o2fmlöwkjfh3uzkj,knwärk2iofhzgvm,kjwmdpokjcu3gwifk
ujb,wf .l3fmonuigztdvtzjwkbn.d-koög,v
,hbehtruzfwqpgöpkamvjouehzgfviövb
cäkqojluhzgvbuöanir.ubovlhzugwivpebö
nvüionwiäpqjuioh8ozqfg8ubvrojqohzag8eoqbvnröqoq
ahuiguzrbifnonioahuigztftrctrqdwuzwefugqhoöhn
volrjvh9ta67oiqiwpoßdüpfeüclpoiwajuizgekugeifiuakzw
bnörilejuvhokanxuemföohgo8iawgeozfhuöofijwequf7w
gfztvhdbjnlkvpcorhfbehqwftrdwrdsthfuzkvnowpkeopvh
oifhufuzweb.kefjiofhir8riäimohxkhoih3uöojeikogüoweäk
görnuiegzgfgufvnrklkölüpwqdfweoüewpojtoiuhizuvguz
qvfaeinqahnyg<tzu
       yhijoqöijoirhuihzgqiuhwiuoegn
Fwkqhgzuqlionygzugqrhiowkfoemf ec
Weqvnwqugbfzwgqyi guzgq
uoxhifoqhgoihihriubvbrueqgurvihroöijbihiaefrqeg gre
Ghiuwqzgfiwhgqhweuiwhgwqg whqe8zighegoiz9payz
iqiz8gouer8gqz86tegf8ohufiwe09ugzrgh
rhoubobhg8zer8tiobj90ei98zrguzgkhbioirgo9itjghto8ish
wjüsbpjtu987thbstj0rit09u89ewxm7
7zreh87gh87eprujögoej8ghr78geqöojr09gti98ug87rh8j9
eigm98ue8g
zzer98zgu89r8uwigeß0wkvjoih878wqez78gzfr
8we9rgz87z8rezg89iß0ßogjfwehuzgwe6rc7r3vbgug98u8
97gz8z
4g983uerg9eiß0rüorlkgorhzwgcvo8erougiwüeokgmoiu
bziewghqheriuh grhiuhg8vhrehgujüi4erjhvh9qe8bi9 x
Khbugwqogfufnbfuzv32itzfvb2oinoöwm2ifb3zviqhl23rjöi
o2fmlöwkjfh3uzkj,knwärk2iofhzgvm,kjwmdpokjcu3gwifk
ujb,wf .l3fmonuigztdvtzjwkbn.d-koög,v
,hbehtruzfwqpgöpkamvjouehzgfviövb
cäkqojluhzgvbuöanir.ubovlhzugwivpebö
nvüionwiäpqjuioh8ozqfg8ubvrojqohzag8eoqbvnröqoq
ahuiguzrbifnonioahuigztftrctrqdwuzwefugqhoöhn
volrjvh9ta67oiqiwpoßdüpfeüclpoiwajuizgekugeifiuakzw

bnörilejuvhokanxuemföohgo8iawgeozfhuöofijwequf7w
gfztvhdbjnlkvpcorhfbehqwftrdwrdsthfuzkvnowpkeopvh
oifhufuzweb.kefjiofhir8riäimohxkhoih3uöojeikogüoweäk
görnuiegzgfgufvnrklkölüpwqdfweoüewpojtoiuhizuvguz
qvfaeinqahnyg<tzu
        yhijoqöijoirhuihzgqiuhwiuoegn
Fwkqhgzuqlionygzugqrhiowkfoemf ec
Weqvnwqugbfzwgqyi guzgq
uoxhifoqhgoihihriubvbrueqgurvihroöijbihiaefrqeg gre
Ghiuwqzgfiwhgqhweuiwhgwqg whqe8zighegoiz9payz
iqiz8gouer8gqz86tegf8ohufiwe09ugzrgh
rhoubobhg8zer8tiobj90ei98zrguzgkhbioirgo9itjghto8ish
wjüsbpjtu987thbstj0rit09u89ewxm7
7zreh87gh87eprujögoej8ghr78geqöojr09gti98ug87rh8j9
eigm98ue8g
zzer98zgu89r8uwigeß0wkvjoih878wqez78gzfr
8we9rgz87z8rezg89iß0ßogjfwehuzgwe6rc7r3vbgug98u8
97gz8z
4g983uerg9eiß0rüorlkgorhzwgcvo8erougiwüeokgmoiu
bziewghqheriuh grhiuhg8vhrehgujüi4erjhvh9qe8bi9 x
Khbugwqogfufnbfuzv32itzfvb2oinoöwm2ifb3zviqhl23rjöi
o2fmlöwkjfh3uzkj,knwärk2iofhzgvm,kjwmdpokjcu3gwifk
ujb,wf .l3fmonuigztdvtzjwkbn.d-koög,v
,hbehtruzfwqpgöpkamvjouehzgfviövb
cäkqojluhzgvbuöanir.ubovlhzugwivpebö
nvüionwiäpqjuioh8ozqfg8ubvrojqohzag8eoqbvnröqoq
ahuiguzrbifnonioahuigztflrctrqdwuzwefugqhoöhn
volrjvh9ta67oiqiwpoßdüpfeüclpoiwajuizgekugeifluukzw
bnörilejuvhokanxuemföohgo8iawgeozfhuöofijwequf7w
gfztvhdbjnlkvpcorhfbehqwftrdwrdsthfuzkvnowpkeopvh
oifhufuzweb.kefjiofhir8riäimohxkhoih3uöojeikogüoweäk
görnuiegzgfgufvnrklkölüpwqdfweoüewpojtoiuhizuvguz
qvfaeinqahnyg<tzu
        yhijoqöijoirhuihzgqiuhwiuoegn
Fwkqhgzuqlionygzugqrhiowkfoemf ec
Weqvnwqugbfzwgqyi guzgq
uoxhifoqhgoihihriubvbrueqgurvihroöijbihiaefrqeg gre

Ghiuwqzgfiwhgqhweuiwhgwqg whqe8zighegoiz9payz
iqiz8gouer8gqz86tegf8ohufiwe09ugzrgh
rhoubobhg8zer8tiobj90ei98zrguzgkhbioirgo9itjghto8ish
wjüsbpjtu987thbstj0rit09u89ewxm7
7zreh87gh87eprujögoej8ghr78geqöojr09gti98ug87rh8j9
eigm98ue8g
zzer98zgu89r8uwigeß0wkvjoih878wqez78gzfr
8we9rgz87z8rezg89iß0ßogjfwehuzgwe6rc7r3vbgug98u8
97gz8z
4g983uerg9eiß0rüorlkgorhzwgcvo8erougiwüeokgmoiu
bziewghqheriuh grhiuhg8vhrehgujüi4erjhvh9qe8bi9 x
Khbugwqogfufnbfuzv32itzfvb2oinoöwm2ifb3zviqhl23rjöi
o2fmlöwkjfh3uzkj,knwärk2iofhzgvm,kjwmdpokjcu3gwifk
ujb,wf .l3fmonuigztdvtzjwkbn.d-koög,v
,hbehtruzfwqpgöpkamvjouehzgfviövb
cäkqojluhzgvbuöanir.ubovlhzugwivpebö
nvüionwiäpqjuioh8ozqfg8ubvrojqohzag8eoqbvnröqoq
ahuiguzrbifnonioahuigztftrctrqdwuzwefugqhoöhn
volrjvh9ta67oiqiwpoßdüpfeüclpoiwajuizgekugeifiuakzw
bnörilejuvhokanxuemföohgo8iawgeozfhuöofijwequf7w
gfztvhdbjnlkvpcorhfbehqwftrdwrdsthfuzkvnowpkeopvh
oifhufuzweb.kefjiofhir8riäimohxkhoih3uöojeikogüoweäk
görnuiegzgfgufvnrklkölüpwqdfweoüewpojtoiuhizuvguz
qvfaeinqahnyg<tzu
        yhijoqöijoirhuihzgqiuhwiuoegn
Fwkqhgzuqlionygzugqrhiowkfoemf ec
Weqvnwqugbfzwgqyi guzgq
uoxhifoqhgoihihriubvbrueqgurvihroöijbihiaefrqeg gre
Ghiuwqzgfiwhgqhweuiwhgwqg whqe8zighegoiz9payz
iqiz8gouer8gqz86tegf8ohufiwe09ugzrgh
rhoubobhg8zer8tiobj90ei98zrguzgkhbioirgo9itjghto8ish
wjüsbpjtu987thbstj0rit09u89ewxm7
7zreh87gh87eprujögoej8ghr78geqöojr09gti98ug87rh8j9
eigm98ue8g
zzer98zgu89r8uwigeß0wkvjoih878wqez78gzfr
8we9rgz87z8rezg89iß0ßogjfwehuzgwe6rc7r3vbgug98u8
97gz8z

4g983uerg9eiß0rüorlkgorhzwgcvo8erougiwüeokgmoiu
bziewghqheriuh grhiuhg8vhrehgujüi4erjhvh9qe8bi9 x
Khbugwqogfufnbfuzv32itzfvb2oinoöwm2ifb3zviqhl23rjöi
o2fmlöwkjfh3uzkj,knwärk2iofhzgvm,kjwmdpokjcu3gwifk
ujb,wf .l3fmonuigztdvtzjwkbn.d-koög,v
,hbehtruzfwqpgöpkamvjouehzgfviövb
cäkqojluhzgvbuöanir.ubovlhzugwivpebö
nvüionwiäpqjuioh8ozqfg8ubvrojqohzag8eoqbvnröqoq
ahuiguzrbifnonioahuigztftrctrqdwuzwefugqhoöhn
volrjvh9ta67oiqiwpoßdüpfeüclpoiwajuizgekugeifiuakzw
bnörilejuvhokanxuemföohgo8iawgeozfhuöofijwequf7w
gfztvhdbjnlkvpcorhfbehqwftrdwrdsthfuzkvnowpkeopvh
oifhufuzweb.kefjiofhir8riäimohxkhoih3uöojeikogüoweäk
görnuiegzgfgufvnrklkölüpwqdfweoüewpojtoiuhizuvguz
qvfaeinqahnyg<tzu
        yhijoqöijoirhuihzgqiuhwiuoegn
Fwkqhgzuqlionygzugqrhiowkfoemf ec
Weqvnwqugbfzwgqyi guzgq
uoxhifoqhgoihihriubvbrueqgurvihroöijbihiaefrqeg gre
Ghiuwqzgfiwhgqhweuiwhgwqg whqe8zighegoiz9payz
iqiz8gouer8gqz86tegf8ohufiwe09ugzrgh
rhoubobhg8zer8tiobj90ei98zrguzgkhbioirgo9itjghto8ish
wjüsbpjtu987thbstj0rit09u89ewxm7
7zreh87gh87eprujögoej8ghr78geqöojr09gti98ug87rh8j9
eigm98ue8g
zzor98zgu89r8uwigeß0wkvjoih878wqez78gzfr
8we9rgz87z8rezg89ißUßogjfwehuzgwe6rc7r3vbgug98u8
97gz8z
4g983uerg9eiß0rüorlkgorhzwgcvo8erougiwüeokgmoiu
bziewghqheriuh grhiuhg8vhrehgujüi4erjhvh9qe8bi9 x
Khbugwqogfufnbfuzv32itzfvb2oinoöwm2ifb3zviqhl23rjöi
o2fmlöwkjfh3uzkj,knwärk2iofhzgvm,kjwmdpokjcu3gwifk
ujb,wf .l3fmonuigztdvtzjwkbn.d-koög,v
,hbehtruzfwqpgöpkamvjouehzgfviövb
cäkqojluhzgvbuöanir.ubovlhzugwivpebö
nvüionwiäpqjuioh8ozqfg8ubvrojqohzag8eoqbvnröqoq
ahuiguzrbifnonioahuigztftrctrqdwuzwefugqhoöhn
volrjvh9ta67oiqiwpoßdüpfeüclpoiwajuizgekugeifiuakzw

bnörilejuvhokanxuemföohgo8iawgeozfhuöofijwequf7w
gfztvhdbjnlkvpcorhfbehqwftrdwrdsthfuzkvnowpkeopvh
oifhufuzweb.kefjiofhir8riäimohxkhoih3uöojeikogüoweäk
görnuiegzgfgufvnrklkölüpwqdfweoüewpojtoiuhizuvguz
qvfaeinqahnyg<tzu
        yhijoqöijoirhuihzgqiuhwiuoegn
Fwkqhgzuqlionygzugqrhiowkfoemf ec
Weqvnwqugbfzwgqyi guzgq
uoxhifoqhgoihihriubvbrueqgurvihroöijbihiaefrqeg gre
Ghiuwqzgfiwhgqhweuiwhgwqg whqe8zighegoiz9payz
iqiz8gouer8gqz86tegf8ohufiwe09ugzrgh
rhoubobhg8zer8tiobj90ei98zrguzgkhbioirgo9itjghto8ish
wjüsbpjtu987thbstj0rit09u89ewxm7
7zreh87gh87eprujögoej8ghr78geqöojr09gti98ug87rh8j9
eigm98ue8g
zzer98zgu89r8uwigeß0wkvjoih878wqez78gzfr
8we9rgz87z8rezg89iß0ßogjfwehuzgwe6rc7r3vbgug98u8
97gz8z
4g983uerg9eiß0rüorlkgorhzwgcvo8erougiwüeokgmoiu
bziewghqheriuh grhiuhg8vhrehgujüi4erjhvh9qe8bi9 x
Khbugwqogfufnbfuzv32itzfvb2oinoöwm2ifb3zviqhl23rjöi
o2fmlöwkjfh3uzkj,knwärk2iofhzgvm,kjwmdpokjcu3gwifk
ujb,wf .l3fmonuigztdvtzjwkbn.d-koög,v
,hbehtruzfwqpgöpkamvjouehzgfviövb
cäkqojluhzgvbuöanir.ubovlhzugwivpebö
nvüionwiäpqjuioh8ozqfg8ubvrojqohzag8eoqbvnröqoq
ahuiguzrbifnonioahuigztftrctrqdwuzwefugqhoöhn
volrjvh9ta67oiqiwpoßdüpfeüclpoiwajuizgekugeifiuakzw
bnörilejuvhokanxuemföohgo8iawgeozfhuöofijwequf7w
gfztvhdbjnlkvpcorhfbehqwftrdwrdsthfuzkvnowpkeopvh
oifhufuzweb.kefjiofhir8riäimohxkhoih3uöojeikogüoweäk
görnuiegzgfgufvnrklkölüpwqdfweoüewpojtoiuhizuvguz
qvfaeinqahnyg<tzu
        yhijoqöijoirhuihzgqiuhwiuoegn
Fwkqhgzuqlionygzugqrhiowkfoemf ec
Weqvnwqugbfzwgqyi guzgq
uoxhifoqhgoihihriubvbrueqgurvihroöijbihiaefrqeg gre

Ghiuwqzgfiwhgqhweuiwhgwqg whqe8zighegoiz9payz
iqiz8gouer8gqz86tegf8ohufiwe09ugzrgh
rhoubobhg8zer8tiobj90ei98zrguzgkhbioirgo9itjghto8ish
wjüsbpjtu987thbstj0rit09u89ewxm7
7zreh87gh87eprujögoej8ghr78geqöojr09gti98ug87rh8j9
eigm98ue8g
zzer98zgu89r8uwigeß0wkvjoih878wqez78gzfr
8we9rgz87z8rezg89iß0ßogjfwehuzgwe6rc7r3vbgug98u8
97gz8z
4g983uerg9eiß0rüorlkgorhzwgcvo8erougiwüeokgmoiu
bziewghqheriuh grhiuhg8vhrehgujüi4erjhvh9qe8bi9 x
Khbugwqogfufnbfuzv32itzfvb2oinoöwm2ifb3zviqhl23rjöi
o2fmlöwkjfh3uzkj,knwärk2iofhzgvm,kjwmdpokjcu3gwifk
ujb,wf .l3fmonuigztdvtzjwkbn.d-koög,v
,hbehtruzfwqpgöpkamvjouehzgfviövb
cäkqojluhzgvbuöanir.ubovlhzugwivpebö
nvüionwiäpqjuioh8ozqfg8ubvrojqohzag8eoqbvnröqoq
ahuiguzrbifnonioahuigztftrctrqdwuzwefugqhoöhn
volrjvh9ta67oiqiwpoßdüpfeüclpoiwajuizgekugeifiuakzw
bnörilejuvhokanxuemföohgo8iawgeozfhuöofijwequf7w
gfztvhdbjnlkvpcorhfbehqwftrdwrdsthfuzkvnowpkeopvh
oifhufuzweb.kefjiofhir8riäimohxkhoih3uöojeikogüoweäk
görnuiegzgfgufvnrklkölüpwqdfweoüewpojtoiuhizuvguz
qvfaeinqahnyg<tzu
          yhijoqöijoirhuihzgqiuhwiuoegn
Fwkqhgzuqlionygzugqrhiowkfoemf ec
Weqvnwqugbfzwgqyi guzgu
uoxhifoqhgoihihriubvbrueqgurvihroöijbihiaefrqeg gre
Ghiuwqzgfiwhgqhweuiwhgwqg whqe8zighegoiz9payz
iqiz8gouer8gqz86tegf8ohufiwe09ugzrgh
rhoubobhg8zer8tiobj90ei98zrguzgkhbioirgo9itjghto8ish
wjüsbpjtu987thbstj0rit09u89ewxm7
7zreh87gh87eprujögoej8ghr78geqöojr09gti98ug87rh8j9
eigm98ue8g
zzer98zgu89r8uwigeß0wkvjoih878wqez78gzfr
8we9rgz87z8rezg89iß0ßogjfwehuzgwe6rc7r3vbgug98u8
97gz8z

4g983uerg9eiß0rüorlkgorhzwgcvo8erougiwüeokgmoiu
bziewghqheriuh grhiuhg8vhrehgujüi4erjhvh9qe8bi9 x
Khbugwqogfufnbfuzv32itzfvb2oinoöwm2ifb3zviqhl23rjöi
o2fmlöwkjfh3uzkj,knwärk2iofhzgvm,kjwmdpokjcu3gwifk
ujb,wf .l3fmonuigztdvtzjwkbn.d-koög,v
,hbehtruzfwqpgöpkamvjouehzgfviövb
cäkqojluhzgvbuöanir.ubovlhzugwivpebö
nvüionwiäpqjuioh8ozqfg8ubvrojqohzag8eoqbvnröqoq
ahuiguzrbifnonioahuigztftrctrqdwuzwefugqhoöhn
volrjvh9ta67oiqiwpoßdüpfeüclpoiwajuizgekugeifiuakzw
bnörilejuvhokanxuemföohgo8iawgeozfhuöofijwequf7w
gfztvhdbjnlkvpcorhfbehqwftrdwrdsthfuzkvnowpkeopvh
oifhufuzweb.kefjiofhir8riäimohxkhoih3uöojeikogüoweäk
görnuiegzgfgufvnrklkölüpwqdfweoüewpojtoiuhizuvguz
qvfaeinqahnyg<tzu
        yhijoqöijoirhuihzgqiuhwiuoegn
Fwkqhgzuqlionygzugqrhiowkfoemf ec
Weqvnwqugbfzwgqyi guzgq
uoxhifoqhgoihihriubvbrueqgurvihroöijbihiaefrqeg gre
Ghiuwqzgfiwhgqhweuiwhgwqg whqe8zighegoiz9payz
iqiz8gouer8gqz86tegf8ohufiwe09ugzrgh
rhoubobhg8zer8tiobj90ei98zrguzgkhbioirgo9itjghto8ish
wjüsbpjtu987thbstj0rit09u89ewxm7
7zreh87gh87eprujögoej8ghr78geqöojr09gti98ug87rh8j9
eigm98ue8g
zzer98zgu89r8uwigeß0wkvjoih878wqez78gzfr
8we9rgz87z8rezg89iß0ßogjfwehuzgwe6rc7r3vbgug98u8
97gz8z
4g983uerg9eiß0rüorlkgorhzwgcvo8erougiwüeokgmoiu
bziewghqheriuh grhiuhg8vhrehgujüi4erjhvh9qe8bi9 x
Khbugwqogfufnbfuzv32itzfvb2oinoöwm2ifb3zviqhl23rjöi
o2fmlöwkjfh3uzkj,knwärk2iofhzgvm,kjwmdpokjcu3gwifk
ujb,wf .l3fmonuigztdvtzjwkbn.d-koög,v
,hbehtruzfwqpgöpkamvjouehzgfviövb
cäkqojluhzgvbuöanir.ubovlhzugwivpebö
nvüionwiäpqjuioh8ozqfg8ubvrojqohzag8eoqbvnröqoq
ahuiguzrbifnonioahuigztftrctrqdwuzwefugqhoöhn
volrjvh9ta67oiqiwpoßdüpfeüclpoiwajuizgekugeifiuakzw

bnörilejuvhokanxuemföohgo8iawgeozfhuöofijwequf7w
gfztvhdbjnlkvpcorhfbehqwftrdwrdsthfuzkvnowpkeopvh
oifhufuzweb.kefjiofhir8riäimohxkhoih3uöojeikogüoweäk
görnuiegzgfgufvnrklkölüpwqdfweoüewpojtoiuhizuvguz
qvfaeinqahnyg<tzu
        yhijoqöijoirhuihzgqiuhwiuoegn
Fwkqhgzuqlionygzugqrhiowkfoemf ec
Weqvnwqugbfzwgqyi guzgq
uoxhifoqhgoihihriubvbrueqgurvihroöijbihiaefrqeg gre
Ghiuwqzgfiwhgqhweuiwhgwqg whqe8zighegoiz9payz
iqiz8gouer8gqz86tegf8ohufiwe09ugzrgh
rhoubobhg8zer8tiobj90ei98zrguzgkhbioirgo9itjghto8ish
wjüsbpjtu987thbstj0rit09u89ewxm7
7zreh87gh87eprujögoej8ghr78geqöojr09gti98ug87rh8j9
eigm98ue8g
zzer98zgu89r8uwigeß0wkvjoih878wqez78gzfr
8we9rgz87z8rezg89iß0ßogjfwehuzgwe6rc7r3vbgug98u8
97gz8z
4g983uerg9eiß0rüorlkgorhzwgcvo8erougiwüeokgmoiu
bziewghqheriuh grhiuhg8vhrehgujüi4erjhvh9qe8bi9 x
Khbugwqogfufnbfuzv32itzfvb2oinoöwm2ifb3zviqhl23rjöi
o2fmlöwkjfh3uzkj,knwärk2iofhzgvm,kjwmdpokjcu3gwifk
ujb,wf .l3fmonuigztdvtzjwkbn.d-koög,v
,hbehtruzfwqpgöpkamvjouehzgfviövb
cäkqojluhzgvbuöanir.ubovlhzugwivpebö
nvüiohwiäpqjuioh8ozqfg8ubvrojqohzag8eoqbvnröqoq
ahuiguzrbifnonioahuigztttrclrydwuzwefuqqhoöhn
volrjvh9ta67oiqiwpoßdüpfeüclpoiwajuizgekugeifluukzw
bnörilejuvhokanxuemföohgo8iawgeozfhuöofijwequf7w
gfztvhdbjnlkvpcorhfbehqwftrdwrdsthfuzkvnowpkeopvh
oifhufuzweb.kefjiofhir8riäimohxkhoih3uöojeikogüoweäk
görnuiegzgfgufvnrklkölüpwqdfweoüewpojtoiuhizuvguz
qvfaeinqahnyg<tzu
        yhijoqöijoirhuihzgqiuhwiuoegn
Fwkqhgzuqlionygzugqrhiowkfoemf ec
Weqvnwqugbfzwgqyi guzgq
uoxhifoqhgoihihriubvbrueqgurvihroöijbihiaefrqeg gre

Ghiuwqzgfiwhgqhweuiwhgwqg whqe8zighegoiz9payz
iqiz8gouer8gqz86tegf8ohufiwe09ugzrgh
rhoubobhg8zer8tiobj90ei98zrguzgkhbioirgo9itjghto8ish
wjüsbpjtu987thbstj0rit09u89ewxm7
7zreh87gh87eprujögoej8ghr78geqöojr09gti98ug87rh8j9
eigm98ue8g
zzer98zgu89r8uwigeß0wkvjoih878wqez78gzfr
8we9rgz87z8rezg89iß0ßogjfwehuzgwe6rc7r3vbgug98u8
97gz8z
4g983uerg9eiß0rüorlkgorhzwgcvo8erougiwüeokgmoiu
bziewghqheriuh grhiuhg8vhrehgujüi4erjhvh9qe8bi9 x
Khbugwqogfufnbfuzv32itzfvb2oinoöwm2ifb3zviqhl23rjöi
o2fmlöwkjfh3uzkj,knwärk2iofhzgvm,kjwmdpokjcu3gwifk
ujb,wf .l3fmonuigztdvtzjwkbn.d-koög,v
,hbehtruzfwqpgöpkamvjouehzgfviövb
cäkqojluhzgvbuöanir.ubovlhzugwivpebö
nvüionwiäpqjuioh8ozqfg8ubvrojqohzag8eoqbvnröqoq
ahuiguzrbifnonioahuigztftrctrqdwuzwefugqhoöhn
volrjvh9ta67oiqiwpoßdüpfeüclpoiwajuizgekugeifiuakzw
bnörilejuvhokanxuemföohgo8iawgeozfhuöofijwequf7w
gfztvhdbjnlkvpcorhfbehqwftrdwrdsthfuzkvnowpkeopvh
oifhufuzweb.kefjiofhir8riäimohxkhoih3uöojeikogüoweäk
görnuiegzgfgufvnrklkölüpwqdfweoüewpojtoiuhizuvguz
qvfaeinqahnyg<tzu
        yhijoqöijoirhuihzgqiuhwiuoegn
Fwkqhgzuqlionygzugqrhiowkfoemf ec
Weqvnwqugbfzwgqyi guzgq
uoxhifoqhgoihihriubvbrueqgurvihroöijbihiaefrqeg gre
Ghiuwqzgfiwhgqhweuiwhgwqg whqe8zighegoiz9payz
iqiz8gouer8gqz86tegf8ohufiwe09ugzrgh
rhoubobhg8zer8tiobj90ei98zrguzgkhbioirgo9itjghto8ish
wjüsbpjtu987thbstj0rit09u89ewxm7
7zreh87gh87eprujögoej8ghr78geqöojr09gti98ug87rh8j9
eigm98ue8g
zzer98zgu89r8uwigeß0wkvjoih878wqez78gzfr
8we9rgz87z8rezg89iß0ßogjfwehuzgwe6rc7r3vbgug98u8
97gz8z

4g983uerg9eiß0rüorlkgorhzwgcvo8erougiwüeokgmoiu
bziewghqheriuh grhiuhg8vhrehgujüi4erjhvh9qe8bi9 x
Khbugwqogfufnbfuzv32itzfvb2oinoöwm2ifb3zviqhl23rjöi
o2fmlöwkjfh3uzkj,knwärk2iofhzgvm,kjwmdpokjcu3gwifk
ujb,wf .l3fmonuigztdvtzjwkbn.d-koög,v
,hbehtruzfwqpgöpkamvjouehzgfviövb
cäkqojluhzgvbuöanir.ubovlhzugwivpebö
nvüionwiäpqjuioh8ozqfg8ubvrojqohzag8eoqbvnröqoq
ahuiguzrbifnonioahuigztftrctrqdwuzwefugqhoöhn
volrjvh9ta67oiqiwpoßdüpfeüclpoiwajuizgekugeifiuakzw
bnörilejuvhokanxuemföohgo8iawgeozfhuöofijwequf7w
gfztvhdbjnlkvpcorhfbehqwftrdwrdsthfuzkvnowpkeopvh
oifhufuzweb.kefjiofhir8riäimohxkhoih3uöojeikogüoweäk
görnuiegzgfgufvnrklkölüpwqdfweoüewpojtoiuhizuvguz
qvfaeinqahnyg<tzu
          yhijoqöijoirhuihzgqiuhwiuoegn
Fwkqhgzuqlionygzugqrhiowkfoemf ec
Weqvnwqugbfzwgqyi guzgq
uoxhifoqhgoihihriubvbrueqgurvihroöijbihiaefrqeg gre
Ghiuwqzgfiwhgqhweuiwhgwqg whqe8zighegoiz9payz
iqiz8gouer8gqz86tegf8ohufiwe09ugzrgh
rhoubobhg8zer8tiobj90ei98zrguzgkhbioirgo9itjghto8ish
wjüsbpjtu987thbstj0rit09u89ewxm7
7zreh87gh87eprujögoej8ghr78geqöojr09gti98ug87rh8j9
eigm98ue8g
zzer98zgu89r8uwigeß0wkvjoih878wqez78gzfr
8we9rgz87z8rezg8üißoßogjlwehuzgwe6rc7r3vbguq98u8
97gz8z
4g983uerg9eiß0rüorlkgorhzwgcvo8erougiwüeokgmoiu
bziewghqheriuh grhiuhg8vhrehgujüi4erjhvh9qe8bi9 x
Khbugwqogfufnbfuzv32itzfvb2oinoöwm2ifb3zviqhl23rjöi
o2fmlöwkjfh3uzkj,knwärk2iofhzgvm,kjwmdpokjcu3gwifk
ujb,wf .l3fmonuigztdvtzjwkbn.d-koög,v
,hbehtruzfwqpgöpkamvjouehzgfviövb
cäkqojluhzgvbuöanir.ubovlhzugwivpebö
nvüionwiäpqjuioh8ozqfg8ubvrojqohzag8eoqbvnröqoq
ahuiguzrbifnonioahuigztftrctrqdwuzwefugqhoöhn
volrjvh9ta67oiqiwpoßdüpfeüclpoiwajuizgekugeifiuakzw

bnörilejuvhokanxuemföohgo8iawgeozfhuöofijwequf7w
gfztvhdbjnlkvpcorhfbehqwftrdwrdsthfuzkvnowpkeopvh
oifhufuzweb.kefjiofhir8riäimohxkhoih3uöojeikogüoweäk
görnuiegzgfgufvnrklkölüpwqdfweoüewpojtoiuhizuvguz
qvfaeinqahnyg<tzu
         yhijoqöijoirhuihzgqiuhwiuoegn
Fwkqhgzuqlionygzugqrhiowkfoemf ec
Weqvnwqugbfzwgqyi guzgq
uoxhifoqhgoihihriubvbrueqgurvihroöijbihiaefrqeg gre
Ghiuwqzgfiwhgqhweuiwhgwqg whqe8zighegoiz9payz
iqiz8gouer8gqz86tegf8ohufiwe09ugzrgh
rhoubobhg8zer8tiobj90ei98zrguzgkhbioirgo9itjghto8ish
wjüsbpjtu987thbstj0rit09u89ewxm7
7zreh87gh87eprujögoej8ghr78geqöojr09gti98ug87rh8j9
eigm98ue8g
zzer98zgu89r8uwigeß0wkvjoih878wqez78gzfr
8we9rgz87z8rezg89iß0ßogjfwehuzgwe6rc7r3vbgug98u8
97gz8z
4g983uerg9eiß0rüorlkgorhzwgcvo8erougiwüeokgmoiu
bziewghqheriuh grhiuhg8vhrehgujüi4erjhvh9qe8bi9 x
Khbugwqogfufnbfuzv32itzfvb2oinoöwm2ifb3zviqhl23rjöi
o2fmlöwkjfh3uzkj,knwärk2iofhzgvm,kjwmdpokjcu3gwifk
ujb,wf .l3fmonuigztdvtzjwkbn.d-koög,v
,hbehtruzfwqpgöpkamvjouehzgfviövb
cäkqojluhzgvbuöanir.ubovlhzugwivpebö
nvüionwiäpqjuioh8ozqfg8ubvrojqohzag8eoqbvnröqoq
ahuiguzrbifnonioahuigztftrctrqdwuzwefugqhoöhn
volrjvh9ta67oiqiwpoßdüpfeüclpoiwajuizgekugeifiuakzw
bnörilejuvhokanxuemföohgo8iawgeozfhuöofijwequf7w
gfztvhdbjnlkvpcorhfbehqwftrdwrdsthfuzkvnowpkeopvh
oifhufuzweb.kefjiofhir8riäimohxkhoih3uöojeikogüoweäk
görnuiegzgfgufvnrklkölüpwqdfweoüewpojtoiuhizuvguz
qvfaeinqahnyg<tzu
         yhijoqöijoirhuihzgqiuhwiuoegn
Fwkqhgzuqlionygzugqrhiowkfoemf ec
Weqvnwqugbfzwgqyi guzgq
uoxhifoqhgoihihriubvbrueqgurvihroöijbihiaefrqeg gre

Ghiuwqzgfiwhgqhweuiwhgwqg whqe8zighegoiz9payz
iqiz8gouer8gqz86tegf8ohufiwe09ugzrgh
rhoubobhg8zer8tiobj90ei98zrguzgkhbioirgo9itjghto8ish
wjüsbpjtu987thbstj0rit09u89ewxm7
7zreh87gh87eprujögoej8ghr78geqöojr09gti98ug87rh8j9
eigm98ue8g
zzer98zgu89r8uwigeß0wkvjoih878wqez78gzfr
8we9rgz87z8rezg89iß0ßogjfwehuzgwe6rc7r3vbgug98u8
97gz8z
4g983uerg9eiß0rüorlkgorhzwgcvo8erougiwüeokgmoiu
bziewghqheriuh grhiuhg8vhrehgujüi4erjhvh9qe8bi9 x
Khbugwqogfufnbfuzv32itzfvb2oinoöwm2ifb3zviqhl23rjöi
o2fmlöwkjfh3uzkj,knwärk2iofhzgvm,kjwmdpokjcu3gwifk
ujb,wf .l3fmonuigztdvtzjwkbn.d-koög,v
,hbehtruzfwqpgöpkamvjouehzgfviövb
cäkqojluhzgvbuöanir.ubovlhzugwivpebö
nvüionwiäpqjuioh8ozqfg8ubvrojqohzag8eoqbvnröqoq
ahuiguzrbifnonioahuigztftrctrqdwuzwefugqhoöhn
volrjvh9ta67oiqiwpoßdüpfeüclpoiwajuizgekugeifiuakzw
bnörilejuvhokanxuemföohgo8iawgeozfhuöofijwequf7w
gfztvhdbjnlkvpcorhfbehqwftrdwrdsthfuzkvnowpkeopvh
oifhufuzweb.kefjiofhir8riäimohxkhoih3uöojeikogüoweäk
görnuiegzgfgufvnrklkölüpwqdfweoüewpojtoiuhizuvguz
qvfaeinqahnyg<tzu
        yhijoqöijoirhuihzgqiuhwiuoegn
Fwkqhgzuqlionygzuggqrhiowkfoemf ec
Weqvnwqugbfzwgqyi guzgq
uoxhifoqhgoihihriubvbrueqgurvihroöijbihiaefrqeg gre
Ghiuwqzgfiwhgqhweuiwhgwqg whqe8zighegoiz9payz
iqiz8gouer8gqz86tegf8ohufiwe09ugzrgh
rhoubobhg8zer8tiobj90ei98zrguzgkhbioirgo9itjghto8ish
wjüsbpjtu987thbstj0rit09u89ewxm7
7zreh87gh87eprujögoej8ghr78geqöojr09gti98ug87rh8j9
eigm98ue8g
zzer98zgu89r8uwigeß0wkvjoih878wqez78gzfr
8we9rgz87z8rezg89iß0ßogjfwehuzgwe6rc7r3vbgug98u8
97gz8z

4g983uerg9eiß0rüorlkgorhzwgcvo8erougiwüeokgmoiu
bziewghqheriuh grhiuhg8vhrehgujüi4erjhvh9qe8bi9 x
Khbugwqogfufnbfuzv32itzfvb2oinoöwm2ifb3zviqhl23rjöi
o2fmlöwkjfh3uzkj,knwärk2iofhzgvm,kjwmdpokjcu3gwifk
ujb,wf .l3fmonuigztdvtzjwkbn.d-koög,v
,hbehtruzfwqpgöpkamvjouehzgfviövb
cäkqojluhzgvbuöanir.ubovlhzugwivpebö
nvüionwiäpqjuioh8ozqfg8ubvrojqohzag8eoqbvnröqoq
ahuiguzrbifnonioahuigztftrctrqdwuzwefugqhoöhn
volrjvh9ta67oiqiwpoßdüpfeüclpoiwajuizgekugeifiuakzw
bnörilejuvhokanxuemföohgo8iawgeozfhuöofijwequf7w
gfztvhdbjnlkvpcorhfbehqwftrdwrdsthfuzkvnowpkeopvh
oifhufuzweb.kefjiofhir8riäimohxkhoih3uöojeikogüoweäk
görnuiegzgfgufvnrklkölüpwqdfweoüewpojtoiuhizuvguz
qvfaeinqahnyg<tzu
        yhijoqöijoirhuihzgqiuhwiuoegn
Fwkqhgzuqlionygzugqrhiowkfoemf ec
Weqvnwqugbfzwgqyi guzgq
uoxhifoqhgoihihriubvbrueqgurvihroöijbihiaefrqeg gre
Ghiuwqzgfiwhgqhweuiwhgwqg whqe8zighegoiz9payz
iqiz8gouer8gqz86tegf8ohufiwe09ugzrgh
rhoubobhg8zer8tiobj90ei98zrguzgkhbioirgo9itjghto8ish
wjüsbpjtu987thbstj0rit09u89ewxm7
7zreh87gh87eprujögoej8ghr78geqöojr09gti98ug87rh8j9
eigm98ue8g
zzer98zgu89r8uwigeß0wkvjoih878wqez78gzfr
8we9rgz87z8rezg89iß0ßogjfwehuzgwe6rc7r3vbgug98u8
97gz8z
4g983uerg9eiß0rüorlkgorhzwgcvo8erougiwüeokgmoiu
bziewghqheriuh grhiuhg8vhrehgujüi4erjhvh9qe8bi9 x
Khbugwqogfufnbfuzv32itzfvb2oinoöwm2ifb3zviqhl23rjöi
o2fmlöwkjfh3uzkj,knwärk2iofhzgvm,kjwmdpokjcu3gwifk
ujb,wf .l3fmonuigztdvtzjwkbn.d-koög,v
,hbehtruzfwqpgöpkamvjouehzgfviövb
cäkqojluhzgvbuöanir.ubovlhzugwivpebö
nvüionwiäpqjuioh8ozqfg8ubvrojqohzag8eoqbvnröqoq
ahuiguzrbifnonioahuigztftrctrqdwuzwefugqhoöhn
volrjvh9ta67oiqiwpoßdüpfeüclpoiwajuizgekugeifiuakzw

bnörilejuvhokanxuemföohgo8iawgeozfhuöofijwequf7w
gfztvhdbjnlkvpcorhfbehqwftrdwrdsthfuzkvnowpkeopvh
oifhufuzweb.kefjiofhir8riäimohxkhoih3uöojeikogüoweäk
görnuiegzgfgufvnrklkölüpwqdfweoüewpojtoiuhizuvguz
qvfaeinqahnyg<tzu
        yhijoqöijoirhuihzgqiuhwiuoegn
Fwkqhgzuqlionygzugqrhiowkfoemf ec
Weqvnwqugbfzwgqyi guzgq
uoxhifoqhgoihihriubvbrueqgurvihroöijbihiaefrqeg gre
Ghiuwqzgfiwhgqhweuiwhgwqg whqe8zighegoiz9payz
iqiz8gouer8gqz86tegf8ohufiwe09ugzrgh
rhoubobhg8zer8tiobj90ei98zrguzgkhbioirgo9itjghto8ish
wjüsbpjtu987thbstj0rit09u89ewxm7
7zreh87gh87eprujögoej8ghr78geqöojr09gti98ug87rh8j9
eigm98ue8g
zzer98zgu89r8uwigeß0wkvjoih878wqez78gzfr
8we9rgz87z8rezg89iß0ßogjfwehuzgwe6rc7r3vbgug98u8
97gz8z
4g983uerg9eiß0rüorlkgorhzwgcvo8erougiwüeokgmoiu
bziewghqheriuh grhiuhg8vhrehgujüi4erjhvh9qe8bi9 x
Khbugwqogfufnbfuzv32itzfvb2oinoöwm2ifb3zviqhl23rjöi
o2fmlöwkjfh3uzkj,knwärk2iofhzgvm,kjwmdpokjcu3gwifk
ujb,wf .l3fmonuigztdvtzjwkbn.d-koög,v
,hbehtruzfwqpgöpkamvjouehzgfviövb
cäkqojluhzgvbuöanir.ubovlhzugwivpebö
nvüionwiäpqjuioh8ozqfg8ubvrojqohzag8eoqbvnröqoq
ahuiguzrbitnonloaluigztftrclrqdwuzwefugqhoöhn
volrjvh9ta67oiqiwpoßdüpfeüclpoiwajuizgekugeifiuakzw
bnörilejuvhokanxuemföohgo8iawgeozfhuöofijwequf7w
gfztvhdbjnlkvpcorhfbehqwftrdwrdsthfuzkvnowpkeopvh
oifhufuzweb.kefjiofhir8riäimohxkhoih3uöojeikogüoweäk
görnuiegzgfgufvnrklkölüpwqdfweoüewpojtoiuhizuvguz
qvfaeinqahnyg<tzu
        yhijoqöijoirhuihzgqiuhwiuoegn
Fwkqhgzuqlionygzugqrhiowkfoemf ec
Weqvnwqugbfzwgqyi guzgq
uoxhifoqhgoihihriubvbrueqgurvihroöijbihiaefrqeg gre

Ghiuwqzgfiwhgqhweuiwhgwqg whqe8zighegoiz9payz
iqiz8gouer8gqz86tegf8ohufiwe09ugzrgh
rhoubobhg8zer8tiobj90ei98zrguzgkhbioirgo9itjghto8ish
wjüsbpjtu987thbstj0rit09u89ewxm7
7zreh87gh87eprujögoej8ghr78geqöojr09gti98ug87rh8j9
eigm98ue8g
zzer98zgu89r8uwigeß0wkvjoih878wqez78gzfr
8we9rgz87z8rezg89iß0ßogjfwehuzgwe6rc7r3vbgug98u8
97gz8z
4g983uerg9eiß0rüorlkgorhzwgcvo8erougiwüeokgmoiu
bziewghqheriuh grhiuhg8vhrehgujüi4erjhvh9qe8bi9 x
Khbugwqogfufnbfuzv32itzfvb2oinoöwm2ifb3zviqhl23rjöi
o2fmlöwkjfh3uzkj,knwärk2iofhzgvm,kjwmdpokjcu3gwifk
ujb,wf .l3fmonuigztdvtzjwkbn.d-koög,v
,hbehtruzfwqpgöpkamvjouehzgfviövb
cäkqojluhzgvbuöanir.ubovlhzugwivpebö
nvüionwiäpqjuioh8ozqfg8ubvrojqohzag8eoqbvnröqoq
ahuiguzrbifnonioahuigztftrctrqdwuzwefugqhoöhn
volrjvh9ta67oiqiwpoßdüpfeüclpoiwajuizgekugeifiuakzw
bnörilejuvhokanxuemföohgo8iawgeozfhuöofijwequf7w
gfztvhdbjnlkvpcorhfbehqwftrdwrdsthfuzkvnowpkeopvh
oifhufuzweb.kefjiofhir8riäimohxkhoih3uöojeikogüoweäk
görnuiegzgfgufvnrklkölüpwqdfweoüewpojtoiuhizuvguz
qvfaeinqahnyg<tzu
        yhijoqöijoirhuihzgqiuhwiuoegn
Fwkqhgzuqlionygzugqrhiowkfoemf ec
Weqvnwqugbfzwgqyi guzgq
uoxhifoqhgoihihriubvbrueqgurvihroöijbihiaefrqeg gre
Ghiuwqzgfiwhgqhweuiwhgwqg whqe8zighegoiz9payz
iqiz8gouer8gqz86tegf8ohufiwe09ugzrgh
rhoubobhg8zer8tiobj90ei98zrguzgkhbioirgo9itjghto8ish
wjüsbpjtu987thbstj0rit09u89ewxm7
7zreh87gh87eprujögoej8ghr78geqöojr09gti98ug87rh8j9
eigm98ue8g
zzer98zgu89r8uwigeß0wkvjoih878wqez78gzfr
8we9rgz87z8rezg89iß0ßogjfwehuzgwe6rc7r3vbgug98u8
97gz8z

4g983uerg9eiß0rüorlkgorhzwgcvo8erougiwüeokgmoiu
bziewghqheriuh grhiuhg8vhrehgujüi4erjhvh9qe8bi9 x
Khbugwqogfufnbfuzv32itzfvb2oinoöwm2ifb3zviqhl23rjöi
o2fmlöwkjfh3uzkj,knwärk2iofhzgvm,kjwmdpokjcu3gwifk
ujb,wf .l3fmonuigztdvtzjwkbn.d-koög,v
,hbehtruzfwqpgöpkamvjouehzgfviövb
cäkqojluhzgvbuöanir.ubovlhzugwivpebö
nvüionwiäpqjuioh8ozqfg8ubvrojqohzag8eoqbvnröqoq
ahuiguzrbifnonioahuigztftrctrqdwuzwefugqhoöhn
volrjvh9ta67oiqiwpoßdüpfeüclpoiwajuizgekugeifiuakzw
bnörilejuvhokanxuemföohgo8iawgeozfhuöofijwequf7w
gfztvhdbjnlkvpcorhfbehqwftrdwrdsthfuzkvnowpkeopvh
oifhufuzweb.kefjiofhir8riäimohxkhoih3uöojeikogüoweäk
görnuiegzgfgufvnrklkölüpwqdfweoüewpojtoiuhizuvguz
qvfaeinqahnyg<tzu
        yhijoqöijoirhuihzgqiuhwiuoegn
Fwkqhgzuqlionygzugqrhiowkfoemf ec
Weqvnwqugbfzwgqyi guzgq
uoxhifoqhgoihihriubvbrueqgurvihroöijbihiaefrqeg gre
Ghiuwqzgfiwhgqhweuiwhgwqg whqe8zighegoiz9payz
iqiz8gouer8gqz86tegf8ohufiwe09ugzrgh
rhoubobhg8zer8tiobj90ei98zrguzgkhbioirgo9itjghto8ish
wjüsbpjtu987thbstj0rit09u89ewxm7
7zreh87gh87eprujögoej8ghr78geqöojr09gti98ug87rh8j9
eigm98ue8g
zzer98zgu89r8uwigeß0wkvjoih878wqez78gzfr
8we9rgz8/z8rezy8viß0ßogjfwehuzgwn6rc7r3vhgug98u8
97gz8z
4g983uerg9eiß0rüorlkgorhzwgcvo8erougiwüeokgmoiu
bziewghqheriuh grhiuhg8vhrehgujüi4erjhvh9qe8bi9 x
Khbugwqogfufnbfuzv32itzfvb2oinoöwm2ifb3zviqhl23rjöi
o2fmlöwkjfh3uzkj,knwärk2iofhzgvm,kjwmdpokjcu3gwifk
ujb,wf .l3fmonuigztdvtzjwkbn.d-koög,v
,hbehtruzfwqpgöpkamvjouehzgfviövb
cäkqojluhzgvbuöanir.ubovlhzugwivpebö
nvüionwiäpqjuioh8ozqfg8ubvrojqohzag8eoqbvnröqoq
ahuiguzrbifnonioahuigztftrctrqdwuzwefugqhoöhn
volrjvh9ta67oiqiwpoßdüpfeüclpoiwajuizgekugeifiuakzw

bnörilejuvhokanxuemföohgo8iawgeozfhuöofijwequf7w
gfztvhdbjnlkvpcorhfbehqwftrdwrdsthfuzkvnowpkeopvh
oifhufuzweb.kefjiofhir8riäimohxkhoih3uöojeikogüoweäk
görnuiegzgfgufvnrklkölüpwqdfweoüewpojtoiuhizuvguz
qvfaeinqahnyg<tzu
        yhijoqöijoirhuihzgqiuhwiuoegn
Fwkqhgzuqlionygzugqrhiowkfoemf ec
Weqvnwqugbfzwgqyi guzgq
uoxhifoqhgoihihriubvbrueqgurvihroöijbihiaefrqeg gre
Ghiuwqzgfiwhgqhweuiwhgwqg whqe8zighegoiz9payz
iqiz8gouer8gqz86tegf8ohufiwe09ugzrgh
rhoubobhg8zer8tiobj90ei98zrguzgkhbioirgo9itjghto8ish
wjüsbpjtu987thbstj0rit09u89ewxm7
7zreh87gh87eprujögoej8ghr78geqöojr09gti98ug87rh8j9
eigm98ue8g
zzer98zgu89r8uwigeß0wkvjoih878wqez78gzfr
8we9rgz87z8rezg89iß0ßogjfwehuzgwe6rc7r3vbgug98u8
97gz8z
4g983uerg9eiß0rüorlkgorhzwgcvo8erougiwüeokgmoiu
bziewghqheriuh grhiuhg8vhrehgujüi4erjhvh9qe8bi9 x
Khbugwqogfufnbfuzv32itzfvb2oinoöwm2ifb3zviqhl23rjöi
o2fmlöwkjfh3uzkj,knwärk2iofhzgvm,kjwmdpokjcu3gwifk
ujb,wf .l3fmonuigztdvtzjwkbn.d-koög,v
,hbehtruzfwqpgöpkamvjouehzgfviövb
cäkqojluhzgvbuöanir.ubovlhzugwivpebö
nvüionwiäpqjuioh8ozqfg8ubvrojqohzag8eoqbvnröqoq
ahuiguzrbifnonioahuigztftrctrqdwuzwefugqhoöhn
volrjvh9ta67oiqiwpoßdüpfeüclpoiwajuizgekugeifiuakzw
bnörilejuvhokanxuemföohgo8iawgeozfhuöofijwequf7w
gfztvhdbjnlkvpcorhfbehqwftrdwrdsthfuzkvnowpkeopvh
oifhufuzweb.kefjiofhir8riäimohxkhoih3uöojeikogüoweäk
görnuiegzgfgufvnrklkölüpwqdfweoüewpojtoiuhizuvguz
qvfaeinqahnyg<tzu
        yhijoqöijoirhuihzgqiuhwiuoegn
Fwkqhgzuqlionygzugqrhiowkfoemf ec
Weqvnwqugbfzwgqyi guzgq
uoxhifoqhgoihihriubvbrueqgurvihroöijbihiaefrqeg gre

Ghiuwqzgfiwhgqhweuiwhgwqg whqe8zighegoiz9payz
iqiz8gouer8gqz86tegf8ohufiwe09ugzrgh
rhoubobhg8zer8tiobj90ei98zrguzgkhbioirgo9itjghto8ish
wjüsbpjtu987thbstj0rit09u89ewxm7
7zreh87gh87eprujögoej8ghr78geqöojr09gti98ug87rh8j9
eigm98ue8g
zzer98zgu89r8uwigeß0wkvjoih878wqez78gzfr
8we9rgz87z8rezg89iß0ßogjfwehuzgwe6rc7r3vbgug98u8
97gz8z
4g983uerg9eiß0rüorlkgorhzwgcvo8erougiwüeokgmoiu
bziewghqheriuh grhiuhg8vhrehgujüi4erjhvh9qe8bi9 x
Khbugwqogfufnbfuzv32itzfvb2oinoöwm2ifb3zviqhl23rjöi
o2fmlöwkjfh3uzkj,knwärk2iofhzgvm,kjwmdpokjcu3gwifk
ujb,wf .l3fmonuigztdvtzjwkbn.d-koög,v
,hbehtruzfwqpgöpkamvjouehzgfviövb
cäkqojluhzgvbuöanir.ubovlhzugwivpebö
nvüionwiäpqjuioh8ozqfg8ubvrojqohzag8eoqbvnröqoq
ahuiguzrbifnonioahuigztftrctrqdwuzwefugqhoöhn
volrjvh9ta67oiqiwpoßdüpfeüclpoiwajuizgekugeifiuakzw
bnörilejuvhokanxuemföohgo8iawgeozfhuöofijwequf7w
gfztvhdbjnlkvpcorhfbehqwftrdwrdsthfuzkvnowpkeopvh
oifhufuzweb.kefjiofhir8riäimohxkhoih3uöojeikogüoweäk
görnuiegzgfgufvnrklkölüpwqdfweoüewpojtoiuhizuvguz
qvfaeinqahnyg<tzu
          yhijoqöijoirhuihzgqiuhwiuoegn
Fwkqhgzuqlionygzuggqrhiowkfoemf ec
Weqvriwqugbfzwgqyi guzgq
uoxhifoqhgoihihriubvbrueqgurvihroöijbihiaefrqeg gre
Ghiuwqzgfiwhgqhweuiwhgwqg whqe8zighegoiz9payz
iqiz8gouer8gqz86tegf8ohufiwe09ugzrgh
rhoubobhg8zer8tiobj90ei98zrguzgkhbioirgo9itjghto8ish
wjüsbpjtu987thbstj0rit09u89ewxm7
7zreh87gh87eprujögoej8ghr78geqöojr09gti98ug87rh8j9
eigm98ue8g
zzer98zgu89r8uwigeß0wkvjoih878wqez78gzfr
8we9rgz87z8rezg89iß0ßogjfwehuzgwe6rc7r3vbgug98u8
97gz8z

4g983uerg9eiß0rüorlkgorhzwgcvo8erougiwüeokgmoiu
bziewghqheriuh grhiuhg8vhrehgujüi4erjhvh9qe8bi9 x
Khbugwqogfufnbfuzv32itzfvb2oinoöwm2ifb3zviqhl23rjöi
o2fmlöwkjfh3uzkj,knwärk2iofhzgvm,kjwmdpokjcu3gwifk
ujb,wf .l3fmonuigztdvtzjwkbn.d-koög,v
,hbehtruzfwqpgöpkamvjouehzgfviövb
cäkqojluhzgvbuöanir.ubovlhzugwivpebö
nvüionwiäpqjuioh8ozqfg8ubvrojqohzag8eoqbvnröqoq
ahuiguzrbifnonioahuigztftrctrqdwuzwefugqhoöhn
volrjvh9ta67oiqiwpoßdüpfeüclpoiwajuizgekugeifiuakzw
bnörilejuvhokanxuemföohgo8iawgeozfhuöofijwequf7w
gfztvhdbjnlkvpcorhfbehqwftrdwrdsthfuzkvnowpkeopvh
oifhufuzweb.kefjiofhir8riäimohxkhoih3uöojeikogüoweäk
görnuiegzgfgufvnrklkölüpwqdfweoüewpojtoiuhizuvguz
qvfaeinqahnyg<tzu
        yhijoqöijoirhuihzgqiuhwiuoegn
Fwkqhgzuqlionygzugqrhiowkfoemf ec
Weqvnwqugbfzwgqyi guzgq
uoxhifoqhgoihihriubvbrueqgurvihroöijbihiaefrqeg gre
Ghiuwqzgfiwhgqhweuiwhgwqg whqe8zighegoiz9payz
iqiz8gouer8gqz86tegf8ohufiwe09ugzrgh
rhoubobhg8zer8tiobj90ei98zrguzgkhbioirgo9itjghto8ish
wjüsbpjtu987thbstj0rit09u89ewxm7
7zreh87gh87eprujögoej8ghr78geqöojr09gti98ug87rh8j9
eigm98ue8g
zzer98zgu89r8uwigeß0wkvjoih878wqez78gzfr
8we9rgz87z8rezg89iß0ßogjfwehuzgwe6rc7r3vbgug98u8
97gz8z
4g983uerg9eiß0rüorlkgorhzwgcvo8erougiwüeokgmoiu
bziewghqheriuh grhiuhg8vhrehgujüi4erjhvh9qe8bi9 x
Khbugwqogfufnbfuzv32itzfvb2oinoöwm2ifb3zviqhl23rjöi
o2fmlöwkjfh3uzkj,knwärk2iofhzgvm,kjwmdpokjcu3gwifk
ujb,wf .l3fmonuigztdvtzjwkbn.d-koög,v
,hbehtruzfwqpgöpkamvjouehzgfviövb
cäkqojluhzgvbuöanir.ubovlhzugwivpebö
nvüionwiäpqjuioh8ozqfg8ubvrojqohzag8eoqbvnröqoq
ahuiguzrbifnonioahuigztftrctrqdwuzwefugqhoöhn
volrjvh9ta67oiqiwpoßdüpfeüclpoiwajuizgekugeifiuakzw

bnörilejuvhokanxuemföohgo8iawgeozfhuöofijwequf7w
gfztvhdbjnlkvpcorhfbehqwftrdwrdsthfuzkvnowpkeopvh
oifhufuzweb.kefjiofhir8riäimohxkhoih3uöojeikogüoweäk
görnuiegzgfgufvnrklkölüpwqdfweoüewpojtoiuhizuvguz
qvfaeinqahnyg<tzu
        yhijoqöijoirhuihzgqiuhwiuoegn
Fwkqhgzuqlionygzugqrhiowkfoemf ec
Weqvnwqugbfzwgqyi guzgq
uoxhifoqhgoihihriubvbrueqgurvihroöijbihiaefrqeg gre
Ghiuwqzgfiwhgqhweuiwhgwqg whqe8zighegoiz9payz
iqiz8gouer8gqz86tegf8ohufiwe09ugzrgh
rhoubobhg8zer8tiobj90ei98zrguzgkhbioirgo9itjghto8ish
wjüsbpjtu987thbstj0rit09u89ewxm7
7zreh87gh87eprujögoej8ghr78geqöojr09gti98ug87rh8j9
eigm98ue8g
zzer98zgu89r8uwigeß0wkvjoih878wqez78gzfr
8we9rgz87z8rezg89iß0ßogjfwehuzgwe6rc7r3vbgug98u8
97gz8z
4g983uerg9eiß0rüorlkgorhzwgcvo8erougiwüeokgmoiu
bziewghqheriuh grhiuhg8vhrehgujüi4erjhvh9qe8bi9 x
Khbugwqogfufnbfuzv32itzfvb2oinoöwm2ifb3zviqhl23rjöi
o2fmlöwkjfh3uzkj,knwärk2iofhzgvm,kjwmdpokjcu3gwifk
ujb,wf .l3fmonuigztdvtzjwkbn.d-koög,v
,hbehtruzfwqpgöpkamvjouehzgfviövb
cäkqojluhzgvbuöanir.ubovlhzugwivpebö
nvüiinnwiäpqjuioh8ozqfg8ubvrojqohzag8eoqbvnröqoq
ahuiguzrbifnonioahuigztftrcliqdwuzwefuqnhoöhn
volrjvh9ta67oiqiwpoßdüpfeüclpoiwajuizgekugeifiuakzw
bnörilejuvhokanxuemföohgo8iawgeozfhuöofijwequf7w
gfztvhdbjnlkvpcorhfbehqwftrdwrdsthfuzkvnowpkeopvh
oifhufuzweb.kefjiofhir8riäimohxkhoih3uöojeikogüoweäk
görnuiegzgfgufvnrklkölüpwqdfweoüewpojtoiuhizuvguz
qvfaeinqahnyg<tzu
        yhijoqöijoirhuihzgqiuhwiuoegn
Fwkqhgzuqlionygzugqrhiowkfoemf ec
Weqvnwqugbfzwgqyi guzgq
uoxhifoqhgoihihriubvbrueqgurvihroöijbihiaefrqeg gre

Ghiuwqzgfiwhgqhweuiwhgwqg whqe8zighegoiz9payz
iqiz8gouer8gqz86tegf8ohufiwe09ugzrgh
rhoubobhg8zer8tiobj90ei98zrguzgkhbioirgo9itjghto8ish
wjüsbpjtu987thbstj0rit09u89ewxm7
7zreh87gh87eprujögoej8ghr78geqöojr09gti98ug87rh8j9
eigm98ue8g
zzer98zgu89r8uwigeß0wkvjoih878wqez78gzfr
8we9rgz87z8rezg89iß0ßogjfwehuzgwe6rc7r3vbgug98u8
97gz8z
4g983uerg9eiß0rüorlkgorhzwgcvo8erougiwüeokgmoiu
bziewghqheriuh grhiuhg8vhrehgujüi4erjhvh9qe8bi9 x
Khbugwqogfufnbfuzv32itzfvb2oinoöwm2ifb3zviqhl23rjöi
o2fmlöwkjfh3uzkj,knwärk2iofhzgvm,kjwmdpokjcu3gwifk
ujb,wf .l3fmonuigztdvtzjwkbn.d-koög,v
,hbehtruzfwqpgöpkamvjouehzgfviövb
cäkqojluhzgvbuöanir.ubovlhzugwivpebö
nvüionwiäpqjuioh8ozqfg8ubvrojqohzag8eoqbvnröqoq
ahuiguzrbifnonioahuigztftrctrqdwuzwefugqhoöhn
volrjvh9ta67oiqiwpoßdüpfeüclpoiwajuizgekugeifiuakzw
bnörilejuvhokanxuemföohgo8iawgeozfhuöofijwequf7w
gfztvhdbjnlkvpcorhfbehqwftrdwrdsthfuzkvnowpkeopvh
oifhufuzweb.kefjiofhir8riäimohxkhoih3uöojeikogüoweäk
görnuiegzgfgufvnrklkölüpwqdfweoüewpojtoiuhizuvguz
qvfaeinqahnyg<tzu
        yhijoqöijoirhuihzgqiuhwiuoegn
Fwkqhgzuqlionygzugqrhiowkfoemf ec
Weqvnwqugbfzwgqyi guzgq
uoxhifoqhgoihihriubvbrueqgurvihroöijbihiaefrqeg gre
Ghiuwqzgfiwhgqhweuiwhgwqg whqe8zighegoiz9payz
iqiz8gouer8gqz86tegf8ohufiwe09ugzrgh
rhoubobhg8zer8tiobj90ei98zrguzgkhbioirgo9itjghto8ish
wjüsbpjtu987thbstj0rit09u89ewxm7
7zreh87gh87eprujögoej8ghr78geqöojr09gti98ug87rh8j9
eigm98ue8g
zzer98zgu89r8uwigeß0wkvjoih878wqez78gzfr
8we9rgz87z8rezg89iß0ßogjfwehuzgwe6rc7r3vbgug98u8
97gz8z

4g983uerg9eiß0rüorlkgorhzwgcvo8erougiwüeokgmoiu
bziewghqheriuh grhiuhg8vhrehgujüi4erjhvh9qe8bi9 x
Khbugwqogfufnbfuzv32itzfvb2oinoöwm2ifb3zviqhl23rjöi
o2fmlöwkjfh3uzkj,knwärk2iofhzgvm,kjwmdpokjcu3gwifk
ujb,wf .l3fmonuigztdvtzjwkbn.d-koög,v
,hbehtruzfwqpgöpkamvjouehzgfviövb
cäkqojluhzgvbuöanir.ubovlhzugwivpebö
nvüionwiäpqjuioh8ozqfg8ubvrojqohzag8eoqbvnröqoq
ahuiguzrbifnonioahuigztftrctrqdwuzwefugqhoöhn
volrjvh9ta67oiqiwpoßdüpfeüclpoiwajuizgekugeifiuakzw
bnörilejuvhokanxuemföohgo8iawgeozfhuöofijwequf7w
gfztvhdbjnlkvpcorhfbehqwftrdwrdsthfuzkvnowpkeopvh
oifhufuzweb.kefjiofhir8riäimohxkhoih3uöojeikogüoweäk
görnuiegzgfgufvnrklkölüpwqdfweoüewpojtoiuhizuvguz
qvfaeinqahnyg<tzu
        yhijoqöijoirhuihzgqiuhwiuoegn
Fwkqhgzuqlionygzugqrhiowkfoemf ec
Weqvnwqugbfzwgqyi guzgq
uoxhifoqhgoihihriubvbrueqgurvihroöijbihiaefrqeg gre
Ghiuwqzgfiwhgqhweuiwhgwqg whqe8zighegoiz9payz
iqiz8gouer8gqz86tegf8ohufiwe09ugzrgh
rhoubobhg8zer8tiobj90ei98zrguzgkhbioirgo9itjghto8ish
wjüsbpjtu987thbstj0rit09u89ewxm7
7zreh87gh87eprujögoej8ghr78geqöojr09gti98ug87rh8j9
eigm98ue8g
zzer98zgu89r8uwigeß0wkvjoih878wqez78gzfr
8we9rgz87z8rezg89lß0ßogjfwehuzgwc6rc7r3vbgug98uı8
97gz8z
4g983uerg9eiß0rüorlkgorhzwgcvo8erougiwüeokgmoiu
bziewghqheriuh grhiuhg8vhrehgujüi4erjhvh9qe8bi9 x
Khbugwqogfufnbfuzv32itzfvb2oinoöwm2ifb3zviqhl23rjöi
o2fmlöwkjfh3uzkj,knwärk2iofhzgvm,kjwmdpokjcu3gwifk
ujb,wf .l3fmonuigztdvtzjwkbn.d-koög,v
,hbehtruzfwqpgöpkamvjouehzgfviövb
cäkqojluhzgvbuöanir.ubovlhzugwivpebö
nvüionwiäpqjuioh8ozqfg8ubvrojqohzag8eoqbvnröqoq
ahuiguzrbifnonioahuigztftrctrqdwuzwefugqhoöhn
volrjvh9ta67oiqiwpoßdüpfeüclpoiwajuizgekugeifiuakzw

bnörilejuvhokanxuemföohgo8iawgeozfhuöofijwequf7w
gfztvhdbjnlkvpcorhfbehqwftrdwrdsthfuzkvnowpkeopvh
oifhufuzweb.kefjiofhir8riäimohxkhoih3uöojeikogüoweäk
görnuiegzgfgufvnrklkölüpwqdfweoüewpojtoiuhizuvguz
qvfaeinqahnyg<tzu
        yhijoqöijoirhuihzgqiuhwiuoegn
Fwkqhgzuqlionygzugqrhiowkfoemf ec
Weqvnwqugbfzwgqyi guzgq
uoxhifoqhgoihihriubvbrueqgurvihroöijbihiaefrqeg gre
Ghiuwqzgfiwhgqhweuiwhgwqg whqe8zighegoiz9payz
iqiz8gouer8gqz86tegf8ohufiwe09ugzrgh
rhoubobhg8zer8tiobj90ei98zrguzgkhbioirgo9itjghto8ish
wjüsbpjtu987thbstj0rit09u89ewxm7
7zreh87gh87eprujögoej8ghr78geqöojr09gti98ug87rh8j9
eigm98ue8g
zzer98zgu89r8uwigeß0wkvjoih878wqez78gzfr
8we9rgz87z8rezg89iß0ßogjfwehuzgwe6rc7r3vbgug98u8
97gz8z
4g983uerg9eiß0rüorlkgorhzwgcvo8erougiwüeokgmoiu
bziewghqheriuh grhiuhg8vhrehgujüi4erjhvh9qe8bi9 x
Khbugwqogfufnbfuzv32itzfvb2oinoöwm2ifb3zviqhl23rjöi
o2fmlöwkjfh3uzkj,knwärk2iofhzgvm,kjwmdpokjcu3gwifk
ujb,wf .l3fmonuigztdvtzjwkbn.d-koög,v
,hbehtruzfwqpgöpkamvjouehzgfviövb
cäkqojluhzgvbuöanir.ubovlhzugwivpebö
nvüionwiäpqjuioh8ozqfg8ubvrojqohzag8eoqbvnröqoq
ahuiguzrbifnonioahuigztftrctrqdwuzwefugqhoöhn
volrjvh9ta67oiqiwpoßdüpfeüclpoiwajuizgekugeifiuakzw
bnörilejuvhokanxuemföohgo8iawgeozfhuöofijwequf7w
gfztvhdbjnlkvpcorhfbehqwftrdwrdsthfuzkvnowpkeopvh
oifhufuzweb.kefjiofhir8riäimohxkhoih3uöojeikogüoweäk
görnuiegzgfgufvnrklkölüpwqdfweoüewpojtoiuhizuvguz
qvfaeinqahnyg<tzu
        yhijoqöijoirhuihzgqiuhwiuoegn
Fwkqhgzuqlionygzugqrhiowkfoemf ec
Weqvnwqugbfzwgqyi guzgq
uoxhifoqhgoihihriubvbrueqgurvihroöijbihiaefrqeg gre

Ghiuwqzgfiwhgqhweuiwhgwqg whqe8zighegoiz9payz
iqiz8gouer8gqz86tegf8ohufiwe09ugzrgh
rhoubobhg8zer8tiobj90ei98zrguzgkhbioirgo9itjghto8ish
wjüsbpjtu987thbstj0rit09u89ewxm7
7zreh87gh87eprujögoej8ghr78geqöojr09gti98ug87rh8j9
eigm98ue8g
zzer98zgu89r8uwigeß0wkvjoih878wqez78gzfr
8we9rgz87z8rezg89iß0ßogjfwehuzgwe6rc7r3vbgug98u8
97gz8z
4g983uerg9eiß0rüorlkgorhzwgcvo8erougiwüeokgmoiu
bziewghqheriuh grhiuhg8vhrehgujüi4erjhvh9qe8bi9 x
Khbugwqogfufnbfuzv32itzfvb2oinoöwm2ifb3zviqhl23rjöi
o2fmlöwkjfh3uzkj,knwärk2iofhzgvm,kjwmdpokjcu3gwifk
ujb,wf .l3fmonuigztdvtzjwkbn.d-koög,v
,hbehtruzfwqpgöpkamvjouehzgfviövb
cäkqojluhzgvbuöanir.ubovlhzugwivpebö
nvüionwiäpqjuioh8ozqfg8ubvrojqohzag8eoqbvnröqoq
ahuiguzrbifnonioahuigztftrctrqdwuzwefugqhoöhn
volrjvh9ta67oiqiwpoßdüpfeüclpoiwajuizgekugeifiuakzw
bnörilejuvhokanxuemföohgo8iawgeozfhuöofijwequf7w
gfztvhdbjnlkvpcorhfbehqwftrdwrdsthfuzkvnowpkeopvh
oifhufuzweb.kefjiofhir8riäimohxkhoih3uöojeikogüoweäk
görnuiegzgfgufvnrklkölüpwqdfweoüewpojtoiuhizuvguz
qvfaeinqahnyg<tzu
        yhijoqöijoirhuihzgqiuhwiuoegn
Fwkqhgzuqlionygzugqrhiowkfoemf ec
Weqvnwqugbfzwgqyl guzgq
uoxhifoqhgoihihriubvbrueqgurvihroöijbihiaefrqeg gre
Ghiuwqzgfiwhgqhweuiwhgwqg whqe8zighegoiz9payz
iqiz8gouer8gqz86tegf8ohufiwe09ugzrgh
rhoubobhg8zer8tiobj90ei98zrguzgkhbioirgo9itjghto8ish
wjüsbpjtu987thbstj0rit09u89ewxm7
7zreh87gh87eprujögoej8ghr78geqöojr09gti98ug87rh8j9
eigm98ue8g
zzer98zgu89r8uwigeß0wkvjoih878wqez78gzfr
8we9rgz87z8rezg89iß0ßogjfwehuzgwe6rc7r3vbgug98u8
97gz8z

4g983uerg9eiß0rüorlkgorhzwgcvo8erougiwüeokgmoiu
bziewghqheriuh grhiuhg8vhrehgujüi4erjhvh9qe8bi9 x
Khbugwqogfufnbfuzv32itzfvb2oinoöwm2ifb3zviqhl23rjöi
o2fmlöwkjfh3uzkj,knwärk2iofhzgvm,kjwmdpokjcu3gwifk
ujb,wf .l3fmonuigztdvtzjwkbn.d-koög,v
,hbehtruzfwqpgöpkamvjouehzgfviövb
cäkqojluhzgvbuöanir.ubovlhzugwivpebö
nvüionwiäpqjuioh8ozqfg8ubvrojqohzag8eoqbvnröqoq
ahuiguzrbifnonioahuigztftrctrqdwuzwefugqhoöhn
volrjvh9ta67oiqiwpoßdüpfeüclpoiwajuizgekugeifiuakzw
bnörilejuvhokanxuemföohgo8iawgeozfhuöofijwequf7w
gfztvhdbjnlkvpcorhfbehqwftrdwrdsthfuzkvnowpkeopvh
oifhufuzweb.kefjiofhir8riäimohxkhoih3uöojeikogüoweäk
görnuiegzgfgufvnrklkölüpwqdfweoüewpojtoiuhizuvguz
qvfaeinqahnyg<tzu
        yhijoqöijoirhuihzgqiuhwiuoegn
Fwkqhgzuqlionygzugqrhiowkfoemf ec
Weqvnwqugbfzwgqyi guzgq
uoxhifoqhgoihihriubvbrueqgurvihroöijbihiaefrqeg gre
Ghiuwqzgfiwhgqhweuiwhgwqg whqe8zighegoiz9payz
iqiz8gouer8gqz86tegf8ohufiwe09ugzrgh
rhoubobhg8zer8tiobj90ei98zrguzgkhbioirgo9itjghto8ish
wjüsbpjtu987thbstj0rit09u89ewxm7
7zreh87gh87eprujögoej8ghr78geqöojr09gti98ug87rh8j9
eigm98ue8g
zzer98zgu89r8uwigeß0wkvjoih878wqez78gzfr
8we9rgz87z8rezg89iß0ßogjfwehuzgwe6rc7r3vbgug98u8
97gz8z
4g983uerg9eiß0rüorlkgorhzwgcvo8erougiwüeokgmoiu
bziewghqheriuh grhiuhg8vhrehgujüi4erjhvh9qe8bi9 x
Khbugwqogfufnbfuzv32itzfvb2oinoöwm2ifb3zviqhl23rjöi
o2fmlöwkjfh3uzkj,knwärk2iofhzgvm,kjwmdpokjcu3gwifk
ujb,wf .l3fmonuigztdvtzjwkbn.d-koög,v
,hbehtruzfwqpgöpkamvjouehzgfviövb
cäkqojluhzgvbuöanir.ubovlhzugwivpebö
nvüionwiäpqjuioh8ozqfg8ubvrojqohzag8eoqbvnröqoq
ahuiguzrbifnonioahuigztftrctrqdwuzwefugqhoöhn
volrjvh9ta67oiqiwpoßdüpfeüclpoiwajuizgekugeifiuakzw

bnörilejuvhokanxuemföohgo8iawgeozfhuöofijwequf7w
gfztvhdbjnlkvpcorhfbehqwftrdwrdsthfuzkvnowpkeopvh
oifhufuzweb.kefjiofhir8riäimohxkhoih3uöojeikogüoweäk
görnuiegzgfgufvnrklkölüpwqdfweoüewpojtoiuhizuvguz
qvfaeinqahnyg<tzu
        yhijoqöijoirhuihzgqiuhwiuoegn
Fwkqhgzuqlionygzugqrhiowkfoemf ec
Weqvnwqugbfzwgqyi guzgq
uoxhifoqhgoihihriubvbrueqgurvihroöijbihiaefrqeg gre
Ghiuwqzgfiwhgqhweuiwhgwqg whqe8zighegoiz9payz
iqiz8gouer8gqz86tegf8ohufiwe09ugzrgh
rhoubobhg8zer8tiobj90ei98zrguzgkhbioirgo9itjghto8ish
wjüsbpjtu987thbstj0rit09u89ewxm7
7zreh87gh87eprujögoej8ghr78geqöojr09gti98ug87rh8j9
eigm98ue8g
zzer98zgu89r8uwigeß0wkvjoih878wqez78gzfr
8we9rgz87z8rezg89iß0ßogjfwehuzgwe6rc7r3vbgug98u8
97gz8z
4g983uerg9eiß0rüorlkgorhzwgcvo8erougiwüeokgmoiu
bziewghqheriuh grhiuhg8vhrehgujüi4erjhvh9qe8bi9 x
Khbugwqogfufnbfuzv32itzfvb2oinoöwm2ifb3zviqhl23rjöi
o2fmlöwkjfh3uzkj,knwärk2iofhzgvm,kjwmdpokjcu3gwifk
ujb,wf .l3fmonuigztdvtzjwkbn.d-koög,v
,hbehtruzfwqpgöpkamvjouehzgfviövb
cäkqojluhzgvbuöanir.ubovlhzugwivpebö
nvüionwiäpqjuioh8ozqfg8ubvrojqohzag8eoqbvnröqoq
ahuiguzrbifnonioahuigztftrctrqdwuzwefugqhoöhn
volrjvh9ta67oiqiwpoßdüpfeüclpoiwajuizgekugeifiuakzw
bnörilejuvhokanxuemföohgo8iawgeozfhuöofijwequf7w
gfztvhdbjnlkvpcorhfbehqwftrdwrdsthfuzkvnowpkeopvh
oifhufuzweb.kefjiofhir8riäimohxkhoih3uöojeikogüoweäk
görnuiegzgfgufvnrklkölüpwqdfweoüewpojtoiuhizuvguz
qvfaeinqahnyg<tzu
        yhijoqöijoirhuihzgqiuhwiuoegn
Fwkqhgzuqlionygzugqrhiowkfoemf ec
Weqvnwqugbfzwgqyi guzgq
uoxhifoqhgoihihriubvbrueqgurvihroöijbihiaefrqeg gre

Ghiuwqzgfiwhgqhweuiwhgwqg whqe8zighegoiz9payz
iqiz8gouer8gqz86tegf8ohufiwe09ugzrgh
rhoubobhg8zer8tiobj90ei98zrguzgkhbioirgo9itjghto8ish
wjüsbpjtu987thbstj0rit09u89ewxm7
7zreh87gh87eprujögoej8ghr78geqöojr09gti98ug87rh8j9
eigm98ue8g
zzer98zgu89r8uwigeß0wkvjoih878wqez78gzfr
8we9rgz87z8rezg89iß0ßogjfwehuzgwe6rc7r3vbgug98u8
97gz8z
4g983uerg9eiß0rüorlkgorhzwgcvo8erougiwüeokgmoiu
bziewghqheriuh grhiuhg8vhrehgujüi4erjhvh9qe8bi9 x
Khbugwqogfufnbfuzv32itzfvb2oinoöwm2ifb3zviqhl23rjöi
o2fmlöwkjfh3uzkj,knwärk2iofhzgvm,kjwmdpokjcu3gwifk
ujb,wf .l3fmonuigztdvtzjwkbn.d-koög,v
,hbehtruzfwqpgöpkamvjouehzgfviövb
cäkqojluhzgvbuöanir.ubovlhzugwivpebö
nvüionwiäpqjuioh8ozqfg8ubvrojqohzag8eoqbvnröqoq
ahuiguzrbifnonioahuigztftrctrqdwuzwefugqhoöhn
volrjvh9ta67oiqiwpoßdüpfeüclpoiwajuizgekugeifiuakzw
bnörilejuvhokanxuemföohgo8iawgeozfhuöofijwequf7w
gfztvhdbjnlkvpcorhfbehqwftrdwrdsthfuzkvnowpkeopvh
oifhufuzweb.kefjiofhir8riäimohxkhoih3uöojeikogüoweäk
görnuiegzgfgufvnrklkölüpwqdfweoüewpojtoiuhizuvguz
qvfaeinqahnyg<tzu
        yhijoqöijoirhuihzgqiuhwiuoegn
Fwkqhgzuqlionygzugqrhiowkfoemf ec
Weqvnwqugbfzwgqyi guzgq
uoxhifoqhgoihihriubvbrueqgurvihroöijbihiaefrqeg gre
Ghiuwqzgfiwhgqhweuiwhgwqg whqe8zighegoiz9payz
iqiz8gouer8gqz86tegf8ohufiwe09ugzrgh
rhoubobhg8zer8tiobj90ei98zrguzgkhbioirgo9itjghto8ish
wjüsbpjtu987thbstj0rit09u89ewxm7
7zreh87gh87eprujögoej8ghr78geqöojr09gti98ug87rh8j9
eigm98ue8g
zzer98zgu89r8uwigeß0wkvjoih878wqez78gzfr
8we9rgz87z8rezg89iß0ßogjfwehuzgwe6rc7r3vbgug98u8
97gz8z

4g983uerg9eiß0rüorlkgorhzwgcvo8erougiwüeokgmoiu
bziewghqheriuh grhiuhg8vhrehgujüi4erjhvh9qe8bi9 x
Khbugwqogfufnbfuzv32itzfvb2oinoöwm2ifb3zviqhl23rjöi
o2fmlöwkjfh3uzkj,knwärk2iofhzgvm,kjwmdpokjcu3gwifk
ujb,wf .l3fmonuigztdvtzjwkbn.d-koög,v
,hbehtruzfwqpgöpkamvjouehzgfviövb
cäkqojluhzgvbuöanir.ubovlhzugwivpebö
nvüionwiäpqjuioh8ozqfg8ubvrojqohzag8eoqbvnröqoq
ahuiguzrbifnonioahuigztftrctrqdwuzwefugqhoöhn
volrjvh9ta67oiqiwpoßdüpfeüclpoiwajuizgekugeifiuakzw
bnörilejuvhokanxuemföohgo8iawgeozfhuöofijwequf7w
gfztvhdbjnlkvpcorhfbehqwftrdwrdsthfuzkvnowpkeopvh
oifhufuzweb.kefjiofhir8riäimohxkhoih3uöojeikogüoweäk
görnuiegzgfgufvnrklkölüpwqdfweoüewpojtoiuhizuvguz
qvfaeinqahnyg<tzu
        yhijoqöijoirhuihzgqiuhwiuoegn
Fwkqhgzuqlionygzugqrhiowkfoemf ec
Weqvnwqugbfzwgqyi guzgq
uoxhifoqhgoihihriubvbrueqgurvihroöijbihiaefrqeg gre
Ghiuwqzgfiwhgqhweuiwhgwqg whqe8zighegoiz9payz
iqiz8gouer8gqz86tegf8ohufiwe09ugzrgh
rhoubobhg8zer8tiobj90ei98zrguzgkhbioirgo9itjghto8ish
wjüsbpjtu987thbstj0rit09u89ewxm7
7zreh87gh87eprujögoej8ghr78geqöojr09gti98ug87rh8j9
eigm98ue8g
zzer98zgu89r8uwigeß0wkvjoih878wqez78gzfr
8we9rgz87z8rezg89iß0ßogjfwehuzgwo6rc7r3vhgug98u8
97gz8z
4g983uerg9eiß0rüorlkgorhzwgcvo8erougiwüeokgmoiu
bziewghqheriuh grhiuhg8vhrehgujüi4erjhvh9qe8bi9 x